社区（老年）教育系列丛书

跟着节气去喝茶

主 编 贾红丽

郑州大学出版社

图书在版编目(CIP)数据

跟着节气去喝茶 / 贾红丽主编. —郑州:郑州大学出版社, 2023.6
(社区(老年)教育系列丛书)
ISBN 978-7-5645-9730-6

Ⅰ. ①跟… Ⅱ. ①贾… Ⅲ. ①二十四节气-关系-茶文化-中国 Ⅳ. ①TS971.21

中国国家版本馆 CIP 数据核字(2023)第 092703 号

跟着节气去喝茶
GENZHEN JIEQI QU HECHA

选题策划	孙保营 宋妍妍	封面设计	王 微
责任编辑	王晓鸽 孙园园	版式设计	陈 青
责任校对	樊建伟	责任监制	李瑞卿
出版发行	郑州大学出版社	地 址	郑州市大学路 40 号(450052)
出 版 人	孙保营	网 址	http://www.zzup.cn
经 销	全国新华书店	发行电话	0371-66966070
印 制	河南美图印刷有限公司		
开 本	787 mm×1 092 mm 1/16		
印 张	12.25	字 数	141 千字
版 次	2023 年 6 月第 1 版	印 次	2023 年 6 月第 1 次印刷
书 号	ISBN 978-7-5645-9730-6	定 价	76.00 元

社区(老年)教育系列丛书

编写委员会

《跟着节气去喝茶》

作者名单

主　编　贾红丽

副主编　李蓝蓝　邢　勃

编　委　祁　静　任　和　徐铭铭

前　言

河南省人民政府办公厅《关于印发河南省老年教育发展规划（2017—2020年）的通知》豫政办〔2017〕128号通知明确指出，要探索制定老年教育通用课程教学大纲，促进资源建设规范化、多样化；要促进学习资源均衡配置，引进和研发一批老年普及读本，丰富老年人学习资源。

河南作为文化大省，也是茶叶消费人口大省，在我国茶产业与茶文化发展的进程中都发挥着重要的作用。但是纵观全国茶文化培训与教育，不难发现，文化类茶艺丛书很多，但是理论性著作偏多，教条与固化的模式不容易让老年读者接受；很多老年人缺少对茶的认知，茶艺基础技能薄弱，获取茶文化与茶艺的知识信息渠道不规范，所以急需出版一部符合河南老年读者阅读特点、喜好及生活方式的茶教材，来帮助老年茶艺爱好者树立科学的饮茶观念，培养健康的饮茶习惯，培育闲适的家庭饮茶环境。通过一杯茶，为河南省的老年茶艺爱好者的晚年生活增添温度与色彩；也期望通过老年茶艺爱好者的带动加大中原茶文化的推广与普及力度。

本书特色：

1. 以中医天人相应的角度，分别从春夏秋冬四个季节，24个节气中的重要节气推荐养生茶类，方便老年人通过饮茶来达到调节身体健康的目的。

2. 本书从六大茶类的每一个茶类中，列举了4~5种具有代表性的茶，就溯源、简介、产地、分类、传说等重要因素具体阐述，有助于老年学员更加深入地了解茶类知识。

3. 在讲解茶的具体冲泡方法时，采用文字、图片、视频相结合的原则，使老年学员更好地学习茶的冲泡流程。

4. 除了茶的冲泡方法，本书还特别根据季节特点介绍了养生调饮茶，既扩充了茶的品饮方法，又增加了泡茶的趣味性。

本书由河南牧业经济学院贾红丽老师担任主编，平顶山职业技术学院李蓝蓝、河南开放大学邢勃担任副主编，由郑州市技师学院祁静、郑州财经技师学院任和、彩赋茶院徐铭铭担任编委。具体编写分工如下：李蓝蓝、邢勃编写第一篇——春；贾红丽、徐铭铭编写第二篇——夏；祁静编写第三篇——秋；任和编写第四篇——冬。

由于中华茶文化博大精深，编者对一些茶类知识研究尚不够深入，书中难免有不足之处，敬请各位读者多提宝贵意见，以期不断完善。

编　者

2023年3月

目　录

春季篇

待到春风二三月，石炉敲火试新茶

“立春”是中国传统二十四节气中的第一个节气。这是一年中万物复苏的时节，春天就在眼前。事实上，喝茶也有四季之分，在春天如何喝茶呢？

第一节　春季饮茶特点

春季有六个节气：立春、雨水、惊蛰、春分、清明、谷雨，分别在正月（孟春）、二月（仲春）和三月（季春）。

春天，气候由冷变热，但清明节前气温相对凉爽，清明时节春意盎然，肝气旺盛。春天喝茶可以帮助消化，清洁肠道，有排毒的作用。

一、立春

春天空气仍然很干燥，如果不注意饮食和休息，很容易上火。在春天喝花茶可以帮助身体更好地适应春天的天气。许多春季草药茶都以其排毒特性而闻名。如茉莉花和菊花，可以改善微血管的弹性，降低血压和血脂，还可以健脾、安神、止痛，我们可以根据自己的身体状况来选择。

二、惊蛰

俗话说："春困秋乏夏打盹。"在冬天，人体的毛细血管收缩，可以减少身体热量的散发，身体血液的循环也会变慢。在春天，当温度上升时，身体的血液循环也会变快，供应给大脑的血液减少，使人更容易犯困。

在春天，阳气变强，温度上升。保持心态平和很重要，不要动肝火，建议喝一些清肝明目的茶水。如白茶，有助于清洁肝脏排毒，明亮眼睛，减少压力和平静心态。白茶含有多种氨基酸，具有清热、降温的作用。

三、春分

春分是一个喝茶的好时节。在这个时候，白天和黑夜平分，阴阳和谐，天气宜人。

欧阳修的《尝茶诗》里这样说道:“万木寒痴睡不醒,惟有此树先萌芽。”这句话说的就是茶树。茶叶富含多种维生素和多酚类物质,对身体有很好的保健作用,因此春分时节是喝茶的好时机,可以选择陈年白毫银针。

白毫银针经过多年的发展,已经定型为一种温热的中性茶,具有解渴、退烧、解毒的功效,适合许多人饮用。

四、清明

清明前后的日子常常是阴雨连绵,这种天气给人体带来了较重的湿气,对人体健康有很大的影响。清明时节,天地清明,烟雨蒙蒙,是采茶、泡茶、喝茶的好时候。每年这个时候,白牡丹就会成为应景的茶饮。

据说清明茶有清心明目之功效。例如,福建省福鼎市,长期以来,福鼎人民视清明茶为珍宝,每家每户在清明节前都会泡上一杯清明茶。

此外,许多人在春季新的“明前绿茶”之前都想喝绿茶,但事实上,绿茶本身性寒,应该适当控制。而且,新茶对胃部有刺激作用,所以最好放置一两个星期再饮用。

知识链接

春季养生,牢记五点

春天喝茶是有方法的,但也应该在饮食和生活方面配合起来,才会达到养生的效果。

《黄帝内经》中记载:"春三月,此谓发陈,天地俱生,万物以荣,夜卧早起,广步于庭,被发缓形,以使志生,生而勿杀,予而勿夺,赏而勿罚,此春气之应,养生之道也。逆之则伤肝,夏为寒变,奉长者少。"

衣服:立春之后还得"捂"。春天比较暖和,虽然阳光比较强烈,但温度不会马上升高,身体比较虚弱的需要多加注意,要提前了解天气变化,适当增减衣服。

饮食:多吃辛辣的食物。为了滋养肝脏,可多吃一些对身体阳气有益的辛辣食物,例如:韭菜、姜、葱等。另外,还可以适当饮酒,多吃些红枣、百合、梨和桂圆。

生活:在早春,当天气刚刚从严寒中回暖时,各种病毒就会开始繁殖。重要的是要定期开窗通风,使空气清新。

散步:在立春后,可多去郊外散步,呼吸一下新鲜空气,以缓解因长时间运动或精神紧张引起的不适。

预防:避免精神压力过大,对自己进行心理保健。春天是一个肝脏阳气旺盛和人类情绪较易波动的季节,应使情志随着春天生发之气得到舒展而不可折逆它。

第二节　花　茶

花茶是将带有香味的花和茶叶混合在一起,在窨制过程中吸收花的香味,也称为熏花茶、窨花茶或香片。茶叶状况良好,颜色为黄绿色,仍然湿润。内部香气清晰浓郁,颜色淡黄明亮,口感细腻均匀。

未被制成花茶的茶叶称为茶坯。绿茶、红茶和乌龙茶都是以茶坯状态出售。最常见的是绿茶茶坯,多选自烘焙,但也有少数烘焙过的高端绿茶。花多为芳香型,它们包括茉莉花、白兰花、玳玳花、桂花、玫瑰花、栀子花和珠兰花等。为了便于识别,茶叶和花的名称往往被放在一起。例如,茉莉烘青、桂花铁观音、珠兰大方等。

一、关于花茶

(一)花茶的起源

中国花茶有 800 多年的历史。最初,这只是文人的爱好,他们将花茶与茶叶混合,使茶叶吸收香味,这个过程称之为熏茶,也被叫作“窨茶”。

在宋代,优质绿茶中加入了龙脑香(一种香料)作为贡品,表明在宋代仍然可以用香料熏茶。蔡襄在《茶录》中写道:“茶有真香,入贡者微以龙脑和膏,欲助其香。”花茶窨制首次在中国出现,成为中国的第一个花茶品种(图 1-1)。在宋朝后期,为了不破坏茶叶

图 1-1　花茶窨制

的原始味道，不提倡再用香料熏茶。

根据历史资料，元代画家倪瓒被认为是"窨制花茶"的鼻祖。传说中，他把茶叶放在刚盛开的莲花里，用绳子扎紧，每隔一天晚上打开，把它晒干，这个过程重复三次。

明代的花茶以茉莉花、玫瑰花和栀子花为原料，经过逐步改进，形成了多种多样的茶叶。明朝顾元庆（1487—1565 年）《茶谱》的"茶诸法"介绍道："木樨、茉莉、玫瑰、蔷薇、兰蕙、橘花、栀子、木香、梅花皆可作茶。诸花开始摘其半合半放蕊之香气全者。量其茶叶多少，摘花为茶。花多则太香，而脱茶韵，花少则不香，而不尽美。三停茶而一停花始称，如将花须去其枝蒂及尘垢、虫蚁，用瓷罐一层茶一层花相间至满，纸箬扎固，入锅重汤煮之，取出待冷用纸封裹置火上焙干收用。"还有"莲花茶，仅日未时将半含莲花拨开放细茶撮纳满蕊中，以麻皮略挚令其经宿，次早摘花倾出茶叶用建纸包茶焙干，再如前法又将茶叶入别蕊中，如此者数次取其焙干收用，不胜香美”。这些记录表明，当前的制茶技术是逐渐发展起来的，花茶的制作方法、原料的选择、采集的花的数量和在窨中烧制的时间都趋于一致，这时的茶就被称为花茶。李时珍在他的《本草纲目》中记载，“茉莉可熏茶”，证明茉莉花茶在明朝已经存在。

根据历史资料，在清朝咸丰年间（1851—1861年），福州有一个大型茶厂，生产茉莉花茶。当时，福州的茉莉花茶主要销往中国北方，特别是北京和天津。它从福州经海路运到天津和北京，深受当地人的喜欢。因此，福州被称为中国的茉莉花茶发源地。有了商品就有了商品交易市场。那时候，北京有很多茶馆。“京味”一词指的是福建特有的茉莉花茶。茉莉花茶在当时特别受欢迎，慈禧太后非常喜欢喝茉莉花茶。

（二）花茶的分类

花茶是中国的一种特殊茶类，在中国也被称为熏花茶或香花茶。

花茶的制作方法是将茶叶加工后与鲜花混合，让茶叶吸收香味，并将干燥的鲜花过滤，以充分利用茶叶和鲜花的香味。花茶有着芬芳、清爽的回味，对改善健康有益。近年来，花茶的质量有了很大的提高，其生产工艺和饮用方法也在不断发展。大体上，花茶可以分为以下几类。

1. 根据加工方法分类

花茶按其加工方法大致分为三类：窨制花茶、造型花茶和花草茶。

(1)窨制花茶。焙青后,窨制花茶可以作为茶叶混合物使用。

图 1-2 茉莉花茶

绿茶很好地吸收了花香,根据香花的不同可以分为茉莉花茶(图 1-2)、珠兰花茶和柚子花茶。

红茶也可作为花茶的主要成分使用。红茶有较重的滋味,香料不容易被吸收。例如,玫瑰花茶具有浓郁的红茶香气和花香。

还有用乌龙茶作胚的花茶,它的形状像一个圆球,卷得很紧,需要经过多次熟化才能完全吸收香气,最后制成的是桂花乌龙茶、桂花铁观音和茉莉水仙。

图 1-3 造型绿茶

(2)造型花茶。造型花茶最显著的特点是用干花和茶叶做装饰,可以在茶水中摇曳,如造型绿茶(图 1-3)。造型花茶有 30 多个品种,包括茉莉雪莲、富贵并蒂莲、丹桂飘香等。

(3)花草茶。花草茶是直接由干花泡饮的。事实上,它不是一种茶,而是一种花草,但它也被称为“花茶”,因为在中国,用水煮的植物被称为“茶”,它经常被视为女性的美容和健康饮品。常见的有荷叶、柿子叶、桑叶、玫瑰花和金莲花。

2. 根据动态艺术性分类

根据其动态艺术性,花茶可分为以下三大类。

(1)绽放型工艺花茶(图1-4)。这些工艺花茶在冲泡时会慢慢打开。

(2)跃动型工艺花茶。这些工艺花茶在冲泡过程中会有大量跃起的花瓣。

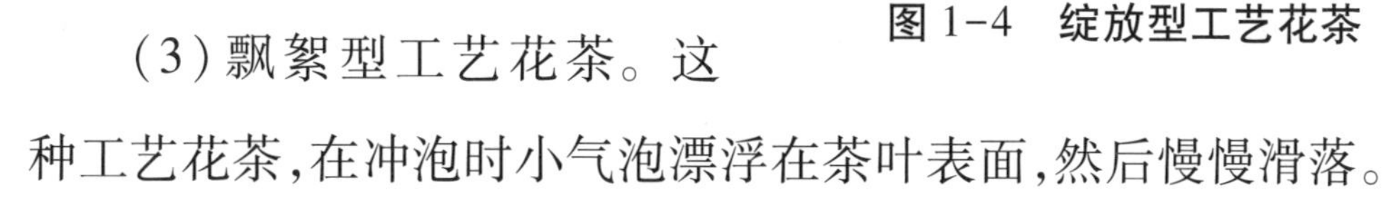

图1-4 绽放型工艺花茶

(3)飘絮型工艺花茶。这种工艺花茶,在冲泡时小气泡漂浮在茶叶表面,然后慢慢滑落。

(三)名优花茶

名优花茶包括茉莉花茶、珠兰花茶和桂花乌龙等,其中茉莉花茶的产量最大。

1. 福建茉莉花茶

茉莉花茶,也被称为“茉莉香片”,由绿茶胚芽和茉莉花制成,有超过1万年的历史。茉莉花茶是茶叶和茉莉花的混合体,经过拼和、窨制,使茶叶吸收花的香味。

世界上最著名的茉莉花茶产地是福建省的福州，国际茶叶会议主席迈克·本斯顿在2011年访问福州时，将其誉为“中国茶的春天”。福州是世界上最著名的茉莉花茶生产地区。（图1-5）

图1-5　福建茉莉花茶

（1）特色。福州茉莉花茶是“见茶不见花”的。这意味着茶叶吸收了茉莉花的香味，而茉莉花则呼出了香味，因此茶叶的香味和花的香味融为一体。茉莉花茶是中国特有的，现在只在中国境内生产。在福州生产纯正的茉莉花窨花需要81个步骤，外人很难了解茉莉花茶的生产过程，包括原料、茉莉花和插花。茉莉花茶的生产过程可以概括为“窨制花茶七条椅，平抖蹚拜烘窨提”。

（2）历史故事。慈禧太后对福州的茉莉花茶非常欣赏，她最喜欢喝的是福州茉莉花双熏，这是一种先熏花再喝熏制的茉莉花茶。慈禧太后还说，她是唯一可以用白茉莉花的人，其他人都不可以簪茉莉花。在她的影响下，福州茉莉花茶的热潮蔓延开，形成了一种对福州茉莉花茶的追捧。这是茉莉花茶首次在福州出现后第一次迎来的辉煌时期。

(3)功效。所有的福州茉莉花茶所用的茉莉花都是从单瓣的茉莉花中精心挑选的,它也被称为“茉莉花茶”。除了作为茶叶,福州茉莉花茶还以其抗抑郁、抗辐射和镇定的特性而闻名,是一种保健饮品,具有镇定、健脾、抗衰老、抗辐射和增强免疫力的作用。

2. 横县茉莉花茶

广西横县是中国最大的茉莉花产地,位于广西西南部,拥有适合露地栽培的气候。横县的大部分茉莉花茶坯在广西当地生产,而云南大叶种绿茶也是横县茉莉花茶茶坯的主要来源。(图 1-6)

图 1-6　横县茉莉花茶

(1)历史。横州州判王济在 1566 年的《君子堂日询手镜》中写道:“横县茉莉甚广,有以之编篱者,四时常花。”横县始建于汉元鼎六年(公元前 111 年),有 2100 多年的历史,在此期间诞生了许多英雄和名人。其中有马援,他率领 10 万大军平定了交趾和郁江,开辟了一条有利可图的路线。明朝时,建文帝在衡州南山题写了

“万山第一”的匾额。

(2)制作。茶坯要经过加工、养护、拼合、堆置、续窨、烘烤、提花、筛分、堆放和包装。在生产中，充分利用横县茉莉花的特性，将其香气吸附在茶叶上，是茶叶加工的关键。横县茉莉花茶尤其独特，它是由最好的横县茉莉花制成的，是经过七道工序特别制作的早春绿茶。由于其独特的“特殊香味”和“无限的提取时间”的特点，它也被认为是“世界上最好的香味”。

(3)功效。茉莉花茶具有抗菌、消炎、提神、稳定情绪和缓解抑郁的作用，但一次喝太多或空腹喝会引起饥饿感和头晕，而且饭后立即喝茉莉花茶会影响消化功能。

3. 珠兰花茶

珠兰花茶的香味使其成为中国最受欢迎的花茶。它原产于安徽省歙县，在福建漳州、广东广州和四川省也有分布。米兰和珠兰是窨制珠兰花茶的花种。(图 1-7)

图 1-7　珠兰花茶

(1)历史。主产于安徽省歙县的珠兰花茶是我国传统大宗花茶之一,有300多年的历史。歙县珠兰花茶是由珠兰鲜花配以黄山毛峰、老竹大方、徽州烘青、红香螺和红毛峰以及特种造型绿茶、红茶,通过独特的工艺精制而成。它外形美观,色泽金黄,汤色清澈,口感醇厚,“兰香幽雅、浓而不烈、清而不淡”,深受消费者的最爱。

据研究,歙县珠兰花茶是清朝宫廷专用的茶叶,由乾隆皇帝创造。故宫收藏的清代《内务府奏销档》中,有《呈为各省督抚所进土物清单》,乾隆五十七年(1792年)五月初二日,安徽省巡抚进贡的物品中就有“珠兰茶八桶”,还有盛装珠兰茶的漆器茶叶罐。2005年版《歙县志》描述到,清朝乾隆年间,从福建回来的歙县人(琳村萧某)被花香所吸引,带回了种子,他精心培育,先是用于观赏,后来用于制茶,“歙县的珠兰茶90%以上都是在歙县生产。这种茶在山东省特别受欢迎。山东省的商人认为歙县产的珠兰所窨之茶,经过多年后,香气如旧,才是最上乘的”。

歙县珠兰花茶产于歙县琳村、问政山、鲍家庄、稠木岭、承旧岭等地。从清末到民国初年,这里被称为“花田”,据说“家家种珠兰,十里有百花”。民国二十六年,《歙县志》记载:“此间所产珠兰茶,与福建所产品种相同,为上品。”据传,自清朝至民国年间,歙县本庄茶号的茶商多为山东的茶商,故被称为“山东客”。每年夏天,北方的茶商都会在歙县茶区购买足够的茶叶,然后把茶叶运到歙县茶区的茶号。运往北方地区的珠兰花在市场上引起了很大的反响,此后,歙县琳村地区的珠兰花茶加工业悄然兴起,到20世纪30

年代中期,共开设了110家茶叶店,以泉祥、裕泰、丰泰、万生祥、聚丰为代表的有48家,珠兰花产地有62家。新中国成立前,茶叶被装在竹筐里,通过琳村水路运往杭州,并通过杭州公司进一步向北运输。琳村是珠兰花茶的一个窨制中心。

抗战期间,珠兰花茶的生产和销售逐渐衰落。中华人民共和国成立后,珠光兰茶的生产和销售逐渐恢复。

(2)加工。制作珠兰花茶的鲜花必须是当日采摘的花苞,摊晾至下午1点左右,当有80%的花苞呈现吐尽芬芳的状态时,按照一公斤茶胚芽搭配一两鲜花的比例开始下花窨茶。珠兰花茶的"单窨"方法就是在茶山温度上升到35 ℃~40 ℃后,将茶坯和鲜花混合,存放18~20个小时,待花朵中的水分烘干后,行通花散热,重复进行理置,每隔一小时烘干一次。当水分含量下降到4%~5%时,茶叶就可以进行烘烤、冷却和匀堆包装。"双窨"珠兰花就是如上所述,茶叶复窨一次。从花茶的制作方式可以看出,珠兰花茶与普通花茶基本相同,不同之处在于它的体积较小,不需要提花,而且金色的珠兰花香味尤其浓烈。如果包装和储存得当,香味会持续很长时间,盛夏窨制的珠兰花茶在冬季泡饮,香气依然馥郁悠长。

(3)特色。茶叶进一步增强了花的香味。作为芳香型的徽州珠兰,其质量的首要标准应该是其香味。徽州珠兰有一种特殊而纯正的香味,与武汉珠兰的清香和福州珠兰的空灵香味完全不同。徽州珠兰花茶如果有强烈的纯正清晰的香气,则被认为是"中等",如果有淡淡的或混合的香气,则被认为是"低等"。如果茶汤是绿色或明亮的,则被认为是上等品;如果是黄色、绿色和明亮的,则是中等品;如果是偏红或浑浊的,则被认为是下等品。

4. 桂花乌龙

桂花的香味浓郁而优雅,适合窨制绿茶和乌龙茶。桂花乌龙茶(图 1-8)是福建安溪的传统茶,主要销往香港、澳门和东南亚地区。

图 1-8　桂花乌龙

(1)加工。桂花的色泽和香型最适宜于窨制乌龙茶,因其颜色和香气而被选中。在窨制过程中,花香被茶叶充分吸收,达到最佳效果。

重新加热后的干燥温度为 130℃,重新加热后的茶叶含水量为 4.5%~5.0%。重新加热的结果是钢坯温度相对较高,因此在制茶前可将钢坯温度降至 32℃。

经过混合处理的花瓣和茶片被分层,并与未混合的花瓣充分混合,然后盖上盖子,以防止香味散发。

混合后，温度上升，热量积聚，这时花朵已经枯萎，如果继续高温，花朵将成熟并失去质量。从箱子里倒出茶水可以使其冷却并使热量散去。将它们叠成约 10 厘米厚的一层，放置散热 40 分钟后再翻过来。在这一点上，叶子的温度下降，物质堆积发生变化。

传统的茶叶生产过程需要在第二次窨花前重新加热，并使用连续保存技术来提高质量。

在第二次和第三次窨花后，由于茶叶的高含水量和无法及时干燥，颜色和香气都受到影响。随着温度的升高，花的香味会随着时间的推移变得更浓。为了最大限度地减少花香的损失，须使用熟练的“高温、高速干燥法”将茶叶的水分含量控制在 6%左右，进行干燥。

提花工艺与混合工艺相同，只是不需要重新加热。用于提花的花应质量好，数量少，含水量 6%～8%就足够了。

(2)功效。桂花乌龙茶具有强烈、美丽和令人振奋的香气，可以舒缓烦躁不安的情绪，净化身心，调节中枢神经系统，使精神长期处于振奋状态。它具有美容、解毒和调节肠道的作用，以及抗癌、清热熄火、祛风散寒、润燥醒脾、增进食欲和瘦身等功效。桂花乌龙茶能唤醒肠胃，生津止渴，清咳化痰，止痛，适度耗损肝气，健胃消食，有润肠通便的作用，对十二指肠溃疡引起的消化不良有一定的改善作用。

二、花茶的制作过程

（一）选花

两个花蕾，那是伏天的茉莉花。雨后不应采摘花朵，应在阴凉处放置一两天。应在下午2点以后采摘，此时芳香油的浓度最大。在这个时间段采摘的花朵将产生更大的花蕾，品质更好的茉莉花茶。（图1-9）

图1-9　茉莉花

（二）伺花

花收获后，对植物进行摊晾和养护，使其活力得到释放。

（三）窨制

窨制花茶的茶坯，是整个茉莉花茶制作过程中非常重要的一个步骤。（图1-10）

窨花拼，可以让花直接吸收茶的香气。在调配茉莉花茶时，需要考虑六点：花的数量、开花情况、温度、湿度、强度和时间。

图1-10　窨制茶坯

（四）通花散热

四五个小时后，大概是早上5点的时候，这些花就会变冷。

（五）筛花

在过滤之后，花被重新加热，用于下一次窨制。

（六）多次窨制

窨制需要重复数次。

（七）炒花

首先，将花分开（去掉头和叶子），在中午12点后与茶叶混合，并与花一起烘烤4小时，将拌好的茶和花一起进行炒制，控制温度和湿度，最后摊凉装箱。

花茶是红茶和花香的混合体，红茶是花香的领头羊，花香使茶叶的香味更浓。保留了红茶丰富、清爽的口感，同时实现了清新、芬芳的花香。冲泡或呼吸时，淡淡的花香让口腔充满了甜美的感觉。除了茶叶，花香也有保健作用，如排毒和调理肠胃。它还具有美容、瘦身、排毒和除臭的作用，是助消化的理想选择。

三、花茶的冲泡

（一）冲泡器具（图1-11）

盖碗若干个；提梁茶壶一个；茶盘一个；茶道组一套；茶荷一个；茶洗一个；茶巾一条；花茶每人2~3克。

图 1-11 冲泡器具

（二）冲泡程序

第一步:备具。(图 1-12)

图 1-12 备具

(1)把三个盖碗呈品字排列在茶盘上,茶洗放在茶盘左前方。

(2)将烧开的水晾置。

(3)茶巾备好。

第二步:赏茶。(图 1-13)

(1)双手拿起茶荷,送至客人面前。

(2)请客人欣赏干茶的成色,嗅闻干茶香气,并作简单的介绍。

图 1-13　赏茶

第三步:温杯。(图 1-14)

(1)将杯盖打开放在茶托上,注入少量热水。

(2)盖上杯盖,转动盖碗进行清洗,将水倒入茶洗。

图 1-14　温杯

第四步:投茶。(图 1-15)

用茶匙将茶荷里的茶叶投放到盖碗中。

图 1-15　投茶

第五步:润茶。(图 1-16)

(1)往每个盖碗中注入 1/3 的水。

(2)盖上杯盖,左手托杯底,右手持杯盖,以逆时针方向回旋三圈,使茶芽温润舒展。

图 1-16　润茶

第六步:闻香。(图 1-17)

一手持杯托,一手按杯盖,送至鼻端闻香。

图 1-17　闻香

第七步:冲水。(图 1-18)

(1)右手持提梁壶,向盖碗中注水。

(2)用“高冲水”的手法冲泡,水量控制在七分满。

图 1-18　冲水

第八步：收具。（图 1-19）

结束时，热情地向客人行礼道别，撤茶具。

图 1-19　收具

（三）冲泡注意事项

（1）冲泡花茶可用玻璃杯或者盖碗。

（2）茶与水的比例掌握在1：50～1：60。

（3）花茶是一种再加工茶，水温可以根据花茶茶坯来决定，比如冲泡绿茶做茶坯的茉莉花茶水温 85 ℃左右，冲泡用红茶做茶坯的荔枝红茶水温 90 ℃左右。

（4）根据自己身体的状况来选用不同种类的花茶。

第三节　白　茶

白茶是一种叶片上有白毛的茶，主要品种有白毫银针、白牡丹、贡眉和寿眉。白茶主要产于福建的福鼎、政和、松溪和建阳，浙江、广东和江西也有少量生产，白茶的加工方法简单而特殊。

一、关于白茶

（一）白茶起源

一些专家认为，中国茶叶历史上最古老的茶叶可能是白茶，因为它的制作方式简单。还有一些专家和学者认为，白茶起源于唐朝。唐代陆羽的《茶经》中记载："永嘉县东三百里有白茶山。"此外，陈橼老师在其《茶叶通史》中指出，"永嘉东三百里为海，南三百里为误。向南三百里是福建的福鼎（在唐代属于长溪县管辖），是一个白茶生产区"。这表明白茶在唐朝就已经存在。

现代的白茶制作在明代田艺衡的《煮茶小品》中就有记载，"茶者以火作为次，生晒者为上，亦更近自然，且断烟火气耳……生晒茶沦于瓯中，则骑枪舒畅，清翠鲜明，尤为可爱"。

根据福建的《福建地方志》，福鼎的白茶生产始于清朝初年，"福鼎菜芽"的壮芽成为最初的银针。然后蔓延到建阳水吉，再到政和地区。

（二）白茶的分类

1. 按采摘标准不同分类

白茶按采摘标准不同分为白毫银针、白牡丹、贡眉、寿眉。（图1-20）

（1）白毫银针（图1-21）。这种白茶产品是由大白茶树和水仙茶树的种子制成的，这些种子经过一定程度的干燥，然后被采摘下

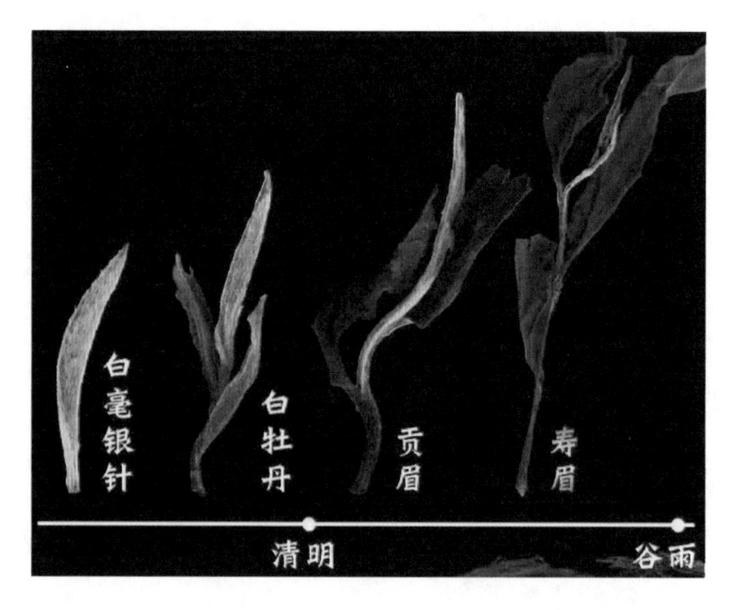

图 1-20　根据采摘部位的不同白茶的分类标准

来。“一芽”的名字来自一旗的标准白茶。由于它还没有展开，所以不是真正的叶子，具有贝壳般的形状。

图 1-21　白毫银针

1）品质特点。白毫银针也被称为“美人”或“茶王”。芽末的茶叶在外观上类似于针状物，由于其呈白色，被称为“白毫银针”。它通常含有两倍于其他茶的“活性酶”。一般来说，茶叶含有多酚类物质、维生素、氨基酸、茶氨酸和许多矿物质。白毫银针富含芽头，氨基酸、蛋白质含量高，酚类和氨基酸含量低，这使茶叶具有柔软和新鲜的特点。

质量上乘的白毫银针，毫毛饱满、密实、厚实，汤色淡杏黄，香气清幽，入口甘甜，芽头生于叶底，厚实、柔软、明亮。

2）历史故事。很久以前，福建省政和县发生了旱灾，导致许多人死亡。当地人听说洞宫山上的一口古井里有让人长生不老的药材，据说其汁液可以治病。于是很多年轻人上山去寻找，但是都是有去无回。

志高、志成和志玉三兄弟决定轮流寻找灵药。长子志高首先出发，当他到达洞宫山时，遇到一位白发老人。老人告诉他，"灵药就在龙井旁边的山上。但请记住，要想获得草药，你必须不转头地爬。"刚走到一半，他就看到满山的石头，阴森可怕，然后听到一声大喊："你居然敢往上闯！"志刚惊讶地转过身来，却一瞬间便成为石堆里的一块新石头。

老二志成，跟哥哥志高一样，当他走到一半的时候，也回头了，所以也变成了一块石头。

老三志玉，跟着他的两个哥哥，也去寻找长生不老草。同样也遇到了白发老人，老人也给了他同样的忠告，当他到达乱石岗时，他在耳朵里塞了一块糍粑，并想："继续爬，不要回头。"志玉终于爬到山顶，采摘了仙草芽叶后离开了。之后志玉在他家乡的山上种植了这种植物，使当地人重获新生。这仙草就是白毫银针。

(2)白牡丹(图1-22)。这种白茶是由大白茶、水仙茶的嫩芽和两片叶子制成的,稍加晾晒、烘干和采摘。白牡丹具有美丽的花形,叶子细长,花蕾直立,茎干柔软。

图1-22　白牡丹

1)品质特点。白牡丹外形毫心肥壮,叶张肥嫩,呈波纹隆起,芽叶连枝,叶缘垂卷,叶态自然,叶色灰绿,夹以银白毫心。叶背遍布洁白茸毛,叶缘向叶背微卷,芽叶连枝。汤色杏黄或橙黄清澈,叶底浅灰,叶脉微红,香味鲜醇。白牡丹冲泡后,碧绿的叶子衬托着嫩嫩的叶芽,形状优美,好似牡丹蓓蕾初放,十分恬淡高雅。滋味清醇微甜,毫香鲜嫩持久。

2)历史故事。在汉朝时,有一个太守叫毛义。据说,他厌倦了官场,辞去了工作,与母亲一起躲进了一个深山峡谷。当母子俩走进青山时,迎面而来的是一股奇异的香味,一位老人告诉他们,那是荷花池边十八朵白牡丹的花苗。后来,母亲因年老而病倒了。毛义到处找药。有一天,毛义在梦中遇到一个白发白须的隐士。隐士说:"要治疗你的母亲,你必须使用鲤鱼和新鲜的茶。"毛义想,"这一定是一位仙人的命令。"这时正是冬天,毛义可以去池塘里抓鲤鱼,但到哪里去找新鲜的茶叶呢?他正在为难的时候,这十八朵牡丹就变成十八仙茶,新的芽和叶从枝头冒出来。毛义立即把它们摘下来晒干,长着白毛的茶叶看起来像白牡丹。毛义立即用新茶煮了鲤鱼,喂给母亲吃,果然治好了母亲的病。从那时起,该地区生产的茶叶就以"白牡丹茶"而闻名。

(3)贡眉(图1-23)。白茶贡眉是由茶树的嫩芽经过烘干、拣剔、烘焙和装箱的过程制成的。

图1-23 贡眉

1)品质特点。贡眉由小叶茶、福鼎大白茶的第一、第二、第三和第四片叶子制成的,要经过一定时间的干燥和采摘。贡眉通常在品茶前从第一、第二和第三片叶子上采摘,其特点是色灰绿,叶子柔软,茶芯上有密集的毛,颜色淡黄。

2)历史故事。漳墩的萧氏后裔萧乌奴回忆说,他的祖父是萧家郊区的一位老人,他无意中发明了南坑白茶。在茶园面前,萧氏兄弟并不愿意经营这个茶园。为了节省人力和炭,他们在生产绿茶和乌龙茶时懒得使用传统的半发酵技术,不炒不揉,只在半晒半晾后出售茶叶。因为它是从植物的嫩芽上长出来的,是名为“白毫茶”的茶叶,在茶商中被称为“南坑白”或“小白”。

一些清朝的官员也喜欢南坑白的新鲜、柔软的味道。由于它与眉毛相似,所以也被称为“寿眉”。当时,福建的官员选择了最好的寿眉,并将其更名为“贡眉”。

(4)寿眉(图 1-24)。白茶寿眉是由大白茶、水仙和丛生茶的嫩芽和叶子制成的。普通的寿眉有一个芽和三四片叶子,但叶子更大,而芽更长。

图 1-24　寿眉

1)品质特点。寿眉在 4 月下旬才准备好,那时枝叶茂盛,叶子粗老后可以做寿眉。寿眉是用大白茶和水仙花的种子和树苗制成的,这些种子和树苗经过萎缩、干燥和分类。一般外形为黄绿带红,部分芽尖细瘦,叶张稍粗,茶汤的颜色为橙色或橘色。

2)历史故事。建阳的漳墩镇,是一个被松溪、政和、浦城和建瓯包围的小镇,是离福建到浙江的古代贸易路线最近的地方。这个小镇的山丘上布满了丘陵、溪流和茶树。据当地农民说,这种茶经过“干燥”,具有止血、吸热和解毒的功效。为了以后使用,新茶的芽和叶需要干燥。这是制作白茶的原始方法。这种茶经过杀青、晾晒或烘干后,白毫如寿仙眉,不卷曲,口感清爽,所以当地人常称其为寿眉白茶。

2. 按工艺分类

按照工艺来分,用传统方法制作的白茶被称为“传统白茶”,而用较新工艺制作的白茶被称为“新工艺白茶”。传统的茶叶是通过手工或机械萎凋和干燥生产的,除非加入其他工序,否则可以称为白茶。传统白茶的香气主要来自鲜花和水果,清新甜美。

(1)新工艺白茶。新工艺白茶被称为“轻揉”,以区别于传统的白茶,因为在萎凋后加入了轻揉的过程。采用新的制茶技术实现的轻揉工艺,使其与传统白茶区别开来。

(2)传统白茶。茶叶保留了自然的蓬松形状,幼苗是银白色的,茶叶的颜色是绿色或深绿色。相比之下,新工艺白茶的叶片呈现出略微干燥的半卷状,颜色为深绿色,略带褐色。新工艺白茶具有红茶和绿茶的特点,但也有乌龙茶的味道。新工艺白茶的味道与绿茶相似,但没有红茶那样的发酵香味。福建省北部的乌龙茶味道醇厚,口感微甜。

(三)白茶的功效

白茶具有抗辐射、抗氧化、抗肿瘤、降血压、降血脂、降血糖的作用,还能养心、养肝、养眼、养神、养气、养颜。它对由过度吸烟、饮酒、过量脂肪和油脂以及肝火引起的身体不适和消化不良有很好的保健作用。

二、白茶的制作过程

（一）采摘

白茶因品种和季节而异。白毫银针是指单芽，白牡丹是指一芽一叶、一芽二叶，贡眉是嫩梢，寿眉是指叶片等。（图 1-25）

白茶质量高，叶子细而软，芽尖厚而白。

图 1-25　白茶采摘

（二）萎凋

萎凋包括日晒自然萎凋、室内复式萎凋、室内自然萎凋和加热萎凋。在春秋两季的晴天和夏季蒸腾作用不明显时进行，室内自然萎凋、联合萎凋和筛选在干燥度达到 70%或 80%时进行。在这个过程中，水分会流失，而白茶也同样依赖于原叶中内源性酶的氧化。（图 1-26、图 1-27）

图 1-26　日晒自然萎凋

图 1-27　室内复式萎凋

（三）烘干

干燥可以是直接晒干、烘干或干燥。在叶子枯萎后，将它们放在湿度为 10%～20%的烤箱中，在 40 ℃～50 ℃下干燥至水分含量约 5%。

（四）分筛保存

对茶叶进行过滤，制成各种等级的白茶。去掉茶梗、茶渣、冬瓜、红片和黑片，用小火烘烤茶叶，直到茶叶完全干燥，只有火的味道才能带出茶的味道。（图 1-28）

图 1-28　分筛保存

白茶的特点是不破坏酶，不加速氧化。

白茶含有丰富的氨基酸，具有解热、消炎和排毒功能。白茶含有许多多酚类物质，是天然的抗氧化剂，可以增强免疫力和保护心血管系统。白茶还含有大量的酶，可以加速脂肪的分解，增加胰岛素的分泌。喝大量的白茶也能改善口腔卫生。白茶有“一年之茶，三年之药，七年之宝”的说法。

三、白茶的冲泡

1. 冲泡用具

盖碗若干个;茶壶;公道杯(玻璃)一个;品茗杯若干个;茶道组一套;茶荷一个;随手泡一个;托盘一个以及茶巾一条;福鼎白茶5克。

2. 冲泡流程

第一步:备具。(图1-29)

(1)茶盘整理干净,将盖碗和公道杯横放一排在茶盘内侧。

(2)品茗杯位于盖碗的前侧。

(3)干净的茶巾折叠整齐以备用。

图1-29 备具

第二步:温壶烫杯。(图 1-30)

(1)将沸水逆时针回旋倒入茶壶中,提高壶身的温度。

(2)接着倒入公道杯。

图 1-30　温壶烫杯

第三步:赏茶。(图 1-31)

(1)倾斜旋转茶叶罐,将茶叶倒入茶则。

(2)用茶匙把茶则中的茶叶拨入茶荷。

(3)请客人欣赏干茶的成色,嗅闻干茶香气,并做简单的介绍。

图 1-31　赏茶

第四步:投茶。(图 1-32)

用茶匙将茶叶拨入壶中。

图 1-32　投茶

第五步:冲泡。(图 1-33)

(1)用“悬壶高冲”法冲水,水温 90 ℃以上。

(2)控制第一泡出汤时间,浸泡太久会影响茶叶的色香味。也可将公道杯的水倒入品茗杯,进行清洗。

图 1-33　冲泡

第六步:出汤。(图 1-34)

(1)右手拿茶壶将茶汤倒入公道杯,尽量将茶壶里的水控干,以免影响茶汤的口感。

(2)将茶汤从公道杯依次倒入品茗杯,斟七分满。

图 1-34 出汤

第七步:奉茶。(图 1-35)

茶杯先举到眉头,然后放于客人前方,稍欠身,伸右手,做“请”的手势,并说“请用茶”。

图 1-35 奉茶

3. 冲泡注意事项

(1)茶与水的比例是1：20,110 毫升的盖碗投茶量为 5 克。根据个人口感来增减投茶量。

(2)冲泡水温不一样。白毫银针细嫩,所以水温维持在 90 ℃比较好;白牡丹作为白茶中比较上等的品种,茶芽细嫩纤巧,茶叶粗犷豪放,水温不可过低,90 ℃~95 ℃比较好。贡眉寿眉因为粗梗比较多,因此冲泡保持在 95 ℃~100 ℃,这样可以充分感受到其独特的韵味。

(3)出汤时间不一样。为了保证茶汤的滋味的鲜爽,白毫银针较嫩,一般浸泡 20 秒之后就可以出汤,白毫银针冲泡时热水不可直冲茶芽,沿杯壁入冲;白牡丹泡 45 秒~1 分钟最为合适。贡眉寿眉大概泡 50 秒就可以完成出汤饮用了。而后的每一泡都可以适当延长 5~10 秒,然后出汤。

(4)白茶也可以采用冷泡法,口感上更甜一些。

第四节　春季养生茶饮

蜂蜜薄荷白茶

准备材料:薄荷糖浆 20 毫升,蜂蜜 30 毫升,柠檬汁 30 毫升,白茶注满。

创意说明:该产品以白茶为基础,加入了清爽的薄荷和柠檬,并加入了蜂蜜，口感柔和、湿润。

白茶温暖、柔和、甜美、清淡，口感圆润，有浓郁的草香味。薄荷是清爽的，就像春季向夏季过渡的风，而蜂蜜中和了柠檬的酸度，春风佛面，清清爽爽。（图 1-36）

图 1-36　蜂蜜薄荷白茶

夏季篇

琴里知闻唯渌水，茶中故旧是蒙山

第一节　夏季饮茶特点

绿茶是我们国家非常普遍的一类茶，许多有着标志性的名茶也大多为绿茶。绿茶味微苦性寒，具备清热解毒、去火、降燥、止渴、生津、强心提神的功能。绿茶本质清鲜滑润，且富含维生素、氨基酸、矿物质等营养元素。在夏天饮用绿茶兼有祛暑解热之功，又有补充营养之效。

从五行角度看，夏季属火，而所对应的五脏为心，故心属火。所以，人们在夏季进行身体保健，首先要注意养心，而由于绿茶是未经发酵加工过的茶，所以更多地保存了鲜叶的本身养分，内含茶多酚、绿茶素、叶绿酸、咖啡碱、氨基酸、维生素等，纯自然的化学物质也相当丰富。而绿茶中的这些纯自然营养素成分，又在抗衰老、防癌、抗肿瘤、杀菌、清热解毒方面具有特殊作用。

一、立夏

“立夏”表示春天已经结束，夏天随之来临。伴随着气温的上升，降雨量的增加，农作物也迎来了重要的生长时期。

虽然初夏非常美丽，但是由于气候转热，人就很容易上火，并心情浮躁。除了用食物清补除燥，此季节也更适宜喝茶养生，此时宜饮龙井、毛峰、碧螺春等绿茶。

夏天不少人有午休的习惯，到了中午不休息就很容易犯困，容易导致精力不振，也影响下午的工作。这时即可冲泡一杯绿茶，因为绿茶中富含的咖啡碱可激活中枢神经系统，从而使大脑清醒，起到提神的作用。

二、夏至

夏至为二十四节气之一，自这一天开始，气温将会逐渐升高。高温天气很容易导致燥热、疲劳、食欲不振等，那应该怎样来防治呢？

此时，我们除了适量吃些鱼、肉、蛋类，以及绿豆、薏米、油麦菜等食物外，还可以多饮一些茶。

经常喝茶的朋友都知道“夏天喝生普，冬天饮熟普”。生茶茶性寒，有降温解暑、止渴的功效，更适合于夏季饮用；而熟茶性温，在夏季大量饮用则容易上火。

普洱生茶是没有发酵过程的，其茶多酚、咖啡碱含量都保持在鲜叶的85%以上，叶绿素则保持在50%以下，维生素损失也较小，而生茶中保留的大量天然生物成分，具有抗衰老、抗癌、防辐射、杀菌、清热解毒以及解热、利尿、助消化吸收的功能，特别适宜于身体健壮、易于上火的人，若有口干口苦、口舌生疮、喉咙疼、大便结燥、粪便中有大量黏液、排便困难等情况，也可以适量喝些生茶。

三、大暑

大暑是夏天的最后一个节气，由于阳光极其强烈且地面上所积蓄的辐射热强度较多，正是一年当中最热的时候，而暑热程度更是超越小暑故而称大暑。此时又是夏令的最后一个节气，是三伏长夏养脾胃除湿的好时候。而从保健和饮茶的观点来看，在这三伏天里最适宜饮用的茶便是黄茶。而黄茶的生产过程处在绿茶与红茶之间，是由闷黄的发酵过程所制造而成的轻微发酵茶。据明代闻龙的《茶笺》所记，制茶过程中“炒时，须一人从旁扇之，以祛湿热，否则色黄，香气俱减，予所亲试。扇者色翠，不扇色黄”。这是我国古书上对于茶树的黄变情况的原始记述，并对黄变的原理和预防方法进行了具体阐述。而随着制茶技术演变，制茶人也适当地运用了这些“黄变”，从而改善了茶品的性味，便形成了黄茶这一茶种。

在黄茶生产过程中，通过渥堆闷黄就能使茶叶内部迅速地生成大量营养酶，其所含叶绿素质成分也更低，而相比绿茶，黄茶在经过发酵之后，寒性减少了许多，对胃黏膜的刺激性也更小了，因此脾胃湿热偏弱的人在三伏天里经常饮一点黄茶，就可以提高脾胃湿热运化能力、祛除身上的湿气了，这也正是黄茶更适合三伏长夏品饮的原因所在。

第二节 绿 茶

“草木已随新岁好，冬芽豫占一年魁。”而春茗，特别是绿茶，必以明前为上。明前茶树芽叶细嫩，色翠味幽，沁人心脾。

一、关于绿茶

（一）绿茶的起源

绿茶最初起源于三千多年前的巴地，当年西周武王伐纣时期，巴地人为犒劳周武王大军，曾“献茶”。此外有一种说法认为，绿茶起源于中国湖北省赤壁市。传说在元朝末年，朱元璋领导了农民起义，羊楼洞的茶农从军赶赴乌鲁木齐、内蒙古边城。当时部队上有人在吃完饭后肚子痛，茶农们就将所带的蒲圻绿茶送给患者们饮用，饮后便相继痊愈。朱元璋登基后，与丞相刘基在蒲圻寻访隐士刘天德时，恰遇在此种植茶园的刘天德长子刘玄一，于是刘玄一请皇上为茶赐名，朱元璋见茶树青翠，形态松针，香气俱佳，便赐名为“松峰茶”。明洪武廿四年（1391 年），太祖朱元璋因常饮羊楼松峰茶成习俗，便诏告天下人“罢造龙团，唯采茶芽以进”，自此以后刘玄一便成了明朝绿生产第一个人，因而名扬天下。羊楼洞也成了世界上最早生产绿茶的地区。

（二）绿茶的分类

1. 炒青绿茶

炒青绿茶指在最初加工过程中，干燥方法以炒为主的茶叶。形成的茶叶特色为香味醇厚高爽，风味浓郁醇厚。根据炒制机器或工具的受力差异，又分成长炒青、圆炒青、扁炒青等。（图 2-1、图 2-2、图 2-3）

炒青绿茶主要制作工序：采摘、摊晾、锅炒杀青、揉捻、炒干。

炒青绿茶的代表品种：信阳毛尖、西湖龙井、蒙顶甘露、南京雨花茶、碧螺春、休宁松萝等。

图 2-1　长炒青茶

图 2-2　圆炒青茶

图 2-3　扁炒青茶

2. 烘青绿茶

烘青绿茶是在初加工过程中,干燥工艺以烘为主的茶叶。所产生的茶叶特征为芳香清高鲜爽,风味清醇甘爽。按照原材料的老嫩程度和生产工序,分为一般烘青和细嫩烘青。烘青绿茶,在我国各产茶省均有生产。(图 2-4)

烘青绿茶的主要生产工艺:采摘、摊晾、锅爆杀青、揉捻。

烘青绿茶代表性的品种:太平猴魁、六安瓜片、黄山丢峰、龙湖翠、汀溪兰香等。

图 2-4　烘青茶

3. 晒青绿茶

晒青绿茶指茶叶的干燥是利用太阳光进行晒干的。一般分布在中国湖南、湖北、广东、山东、广西、四川，云南、贵州等也有少量出产。晒青绿茶中，以云南省德宏的傣族景颇族自治州大叶种的质量最佳，被人们称为“滇青”；另外如川青、黔青、桂青、鄂青等的质量也各有千秋，但都比不上滇青。（图 2-5、图 2-6）

图 2-5　滇青

图 2-6　川青

晒青绿茶主要制作工序：采摘、摊晾、锅炒杀青、揉捻。

晒青绿茶代表品种有：产自云南的“滇青”，产自四川的“川青”。

4. 蒸青绿茶

蒸青绿茶指杀青过程中通过蒸汽来杀青的制茶工序所得到的成品绿茶，具备了干茶颜色为墨绿、茶汤浅绿、叶底深绿的“三绿”品质特点。它是我国古代由汉族劳动人民首先开发的一个茶类品种，在中国唐代时期就曾引进日本，并流传至今；我国从明代开始，即使用锅炒杀青。而我国的古代人民则把野生茶树芽叶采集后晒干，被广泛认为是中国广义上的绿茶制造的开始，距今起码有三千年。而我们国家则自公元8世纪发明蒸青制法后开始，至12世纪初又出现炒青制法，绿茶的生产工艺已经相当完善，一直沿用至今，并且不断完善。（图2-7、图2-8）

图2-7　蒸青茶

图2-8　蒸青茶

二、名优绿茶及其生产工艺

（一）西湖龙井

1.西湖龙井的起源与介绍

龙井的发展史最初可追溯到唐代。当时的茶圣陆羽，在其编撰的《茶经》中，便有了对于浙江灵隐寺所产茶的描述。北宋时期，龙井茶产地就已形成了相当的规模。当时灵隐山下天丛香林洞的“香林茶”，上天竺白云峰产的“白云茶”和葛岭宝云山产的“宝云茶”已被列入了贡品。乾隆帝游历浙江西湖地区时，对西湖龙井大加称赞，并把狮峰山下胡公庙前的十八棵茶树封为“御茶”。到如今“御茶”已经是相当老的茶树了，产量并不多，相当珍贵。

图 2-9　西湖龙井

西湖龙井茶(图 2-9)扁平光滑挺直,糙米色,香味鲜嫩清高,有一点熟豆香味,汤感鲜爽甘醇,叶底细嫩呈朵,营养价值丰富。长期适当地喝龙井茶更有益于身体健康,只是要掌握恰当的泡茶方法,才不会损失茶中的鲜香,让茶叶中所蕴含的春天气息毫无保留地重新绽放。

2. 西湖龙井的制作工艺

(1)采摘。西湖龙井茶根据产区,大致分为了西湖区、钱塘、岳州三种产区,西湖龙井产区又分为了国家一级产区和二类产区,而国家一级产区也正是一般人们所说的中心产区,分别位于西湖名胜区的狮峰、龙井、云栖、虎跑、梅家坞等地。一般茶种包含了龙井群体种、龙井 43 号、龙井长叶、鸠坑、迎霜等适合生产龙井茶的茶树优良种子。

龙井采摘的三个特点是快、嫩、勤,以快为贵。一直以来,人们对龙井茶的收获时间都很有研究,是故以早为贵。所以茶农们都认为:茶树上生长着时辰草,早采三天就是个宝,晚采三日就成为草,以细嫩闻名。

按照茶叶采摘时鲜嫩度的等级划分为莲心、雀口、旗枪,而鲜叶的嫩匀度则形成了龙井茶质量的基石。只采一颗嫩芽的叫莲心，采集一芽一叶或一芽二叶的初展，叶片形似雀嘴，称为雀嘴。以清明时采制的龙井品质为最优，称之为“明前茶”，谷雨前采制，称之为“雨前茶”。以前西湖龙井在每年的五月一日以后基本不再采摘，但由于茶树栽培技术水平的提升，同样也因为要求茶的质量，所以现在西湖龙井也开始采摘至立夏，而这时的茶树就被叫作三春茶，质量也一般。立夏以后的茶树几乎都是茶叶梗，也无法生产成龙井茶，所以通常都被制作成袋泡茶叶或茶饮料等。

（2）摊放。采回的鲜叶置于室内薄摊，一般厚薄都在一厘米以内。适度摊放之后，局部水分挥发，从而散发青草气，提高茶香，同时减少苦涩味，增加氨基酸含量，提高鲜爽感，这样会使炒制的西湖龙井外表更加光洁，颜色青翠。经过摊放的鲜叶要加以筛选，然后分为大、中、小三档，再依次加以炒制，这样一来各个档的原材料，通过在各种锅温、用各种手势的方式炒制，就可以恰到好处。

（3）杀青。杀青俗称青锅。在锅内的温度为 80 ℃～100 ℃时，先抹上少许植物油在锅中，然后再放入大约 100 克刚刚摊好并放过的茶叶，开始时是用拿、抖等手形操作方式，待散发足够的水分以后，再逐渐地使用搭、压、抖、抛等手段使茶叶初步成形，压力由轻且厚，起到理直成条、轧平成形的目的，炒至七八成干时即可起锅，一般耗时 12～15 分钟。

高级西湖龙井的炒制工艺必须手工进行，炒制方法主要有抖、搭、拓、甩、抓、捺、推、扣、压、磨，号称“十大技法”，在整个炒制工艺中需要依据鲜叶质地、老嫩情况，及锅中茶坯的造型要求而不断使用不同方法。只有掌握了焖熟技术的制茶师傅,才能做出色、香、味、形俱佳的西湖龙井。由于炒制过程全是手工在热锅中作业,因此劳动强度甚大。

(4)回潮。杀青后,再存放于阴凉处实行薄摊回潮。摊凉后筛去茶末、簸去碎屑,耗时 40~60 分钟。

(5)辉锅。回潮后的优质茶叶投入铁锅中,然后逐渐炒干,实现了定型工艺。一般是把四锅青锅叶组合成一锅辉,叶量约为 250 克,锅温 60 ℃ ~ 70 ℃,持续时间大约 30 分钟,并根据锅温分低、中、低三个阶段,随着手型压力的逐渐增大,主要采取了拿、扣、磨、轧、推等加工手段。其要点是手不离茶,茶不离锅。炒至茸毛剥落,扁平而有光泽,当茶香透出,毛折之即断。

(6)分筛。用筛子将茶叶分筛。簸除黄块,再筛去茶末,至成品颜色一致。

(7)挺长头。将筛出的大一些的茶叶再一起投入锅中,使之挺直,耗时大约 10 分钟。

(8)归堆。将成品分包为 0. 5 千克/包或以其他重量打包,然后分别储存。

(9)收灰。炒制好的西湖龙井极易受潮而变质,应先把归堆好的成品茶放入在底部垫石灰(未吸潮风化的石灰)的小缸内加盖密闭封存约一周,西湖龙井的香味才会馥郁好闻,口感也变得鲜醇滑润。经此处理过的西湖龙井,在常温下或干燥条件中贮藏一年后仍能保持“色翠、香郁、味甘、形美”的特质。

采用上述步骤炒制的西湖龙井,外观平整光洁,表层色泽嫩黄如糙米本色,汤色碧绿清莹,味道甘鲜清醇,香气幽雅清高,并较好地保存了天然的营养,具有生津解渴、提神益思、消食利尿、除烦去腻、消炎清热解毒等功能。

(二)黄山毛峰

1. 黄山毛峰的起源与介绍

根据徽州资料的商会记载,黄山毛峰起源于清朝光绪年间(1875 年前后)。每年清明节前后,到黄山充川、汤口等高山茶园选采肥嫩芽叶,精细炒焙。此茶因白毫披身,芽尖如峰,被称为“毛峰”,后被冠以地名为“黄山毛峰”(图 2-10)。黄山市徽州区是黄山毛峰的主产区,现有茶园面积 5 万多亩。

图 2-10 黄山毛峰

当时的黄山毛峰,还运到大关东(东北营口),深受市场欢迎,远销华北,名扬全国。后来,由黄山毛峰始入沪,经英国客商品鉴后一致称好,名扬全国。后来经“谢裕大茶号”出口,“名震全球四五载”。

2. 黄山毛峰的制作工艺

(1)采摘。黄山毛峰通常在清明、谷雨前后,有 50%的茶芽达到采集技术标准时采摘,以后每隔二至三日巡回采集一遍,直至立夏完成。1~3 级的黄山风景区毛峰通常于谷雨左右采制。在鲜叶进厂后先进行拣剔,以确保芽叶质地匀净,而后再把各种嫩度的鲜叶分离摊放,以挥发部分水分。为保质保鲜,通常需要上午采,下午制;或下午采,当晚制。

(2)杀青。杀青一般是在平锅上手动进行,火温要保持在 150 ℃~180 ℃,每锅茶树用量为 250~500 克,用双手将茶叶进行迅速翻拌,抖散,使茶树在平锅上受热均匀分布,经过 3~4 分钟,茶叶显暗色变软,略有黏性即可。

(3)揉捻。特级和一类的茶树,在杀青时应该适时在锅里抓带几下,从而达到轻揉和理线条的效果,而二、三类的杀青出锅后散热适当时,应该轻揉 1~2 分钟,直至茶叶稍卷弯曲为止,揉捻时边拧边抖,用力要轻,频率也要慢。

(4)初烘。初烘时是以每只杀青锅配 4 只烘笼,按火温先高后低,第一只烘笼以 90 ℃的烧红炭火焙顶,另外三个温度则分别在 80 ℃、70 ℃、60 ℃左右,边焙边翻动,依次移动至焙顶,直到茶叶含水量大约在 15%以下。初烘时要注意勤翻叶,摊叶要均匀,火温要均匀,操作要轻柔。初焙后茶叶 30 分钟,让茶中的水分重新分配均匀,八至十烘后为一烘后的足焙阶段。

(5)足焙。烘足烘水温要保持在 60 ℃以下,然后文火慢焙直到足干,去除杂物后再复火一次,让茶香重新发出,趁热放入铁筒,然后密封贮藏。

（三）信阳毛尖

1. 信阳毛尖的溯源与介绍

图 2-11 信阳毛尖

信阳毛尖（图 2-11）产自风景优美的河南省信阳市，它曾凭借自身优良的品质，获得中国十大名茶之一的称号。万事皆有源头，那么信阳毛尖的发展源头是什么呢？这种茶叶是什么时候开始种植的，又是如何被人们发现的？

东周时期，中国的政治重心在河南地区。当时，茶在河南省传播，并在拥有资源优势的信阳地区培育发展。其中，陆羽评价最高的“光州上”，指的就是如今信阳的光山、潢川、新县。

唐朝时，茶树的生产已经步入了繁荣时代，信阳一带已成为有名的“淮南茶区”，所产茶树质量上乘，名列贡品。到了宋朝，全省有 13 处卖茶山场，信阳的光州（潢川）、子安（固始）、商城先后为其首。苏东坡品饮信阳毛尖后给予高度评价：“淮南茶信阳第一。”明代，朱元璋禁制饼茶，散茶取代了饼茶，信阳的散茶又被称作“芽茶”和“叶茶”。据考证，“信阳毛尖”的名称，最先产生在清末民初。那时期的人们把产于信阳的毛尖称作“本山毛尖”，并按照采制时期、形状和各种特征，称之为毛针尖、贡针、白毫、跑山尖等。

民国二年(1913年),当地生产的质量很好的本山毛尖茶,被官方定名为“信阳毛尖”,但这个名称在当时没有流传下来。

2. 信阳毛尖的制作工艺

(1)摊放。将过滤后的鲜叶,分别摊在室内通风、洁净的竹编畚箕篮中,最厚宜5~10厘米,小雨叶或含水量很大的鲜叶官薄摊,而晴天叶片或中午、下午所采摘的鲜叶则宜厚摊,且应间隔一小时左右轻翻一次,室内气温保持在25 ℃以内,防止日光的曝晒。摊放时间一般根据鲜叶质量,以2~6个小时为宜,但通常的摊放时间待青气散失,叶质逐渐变软,并在鲜叶中的失水量超过规定比例后的一定时间才能够制作,而当天的鲜叶则应当天制作完成。

(2)杀青。信阳毛尖杀青一般使用滚轮杀青机,在运行机器的时刻如果燃起炉火,就能够开启滚轮杀青机,这样一来就能够让转筒适当受热,当转筒开始有少量火星时,投入茶叶,杀青叶含水率掌握在60%以下,杀青适度的标准是叶色暗绿,用手掐叶质松软,带黏性,手紧握可以成团,略带韧性,青气消失,略有茶香即可。

(3)揉捻。待杀青叶冷却后,冷揉。高档茶揉捻控制在15分钟左右,中低档茶控制在25分钟左右。根据茶叶的老嫩程度适当调整,使揉捻过的茶叶上沾有茶叶汁液,用手握时有潮湿的感觉即可。

(4)理条。将揉捻好的茶青打散,再揉成条状,理条持续时间不可太久,理想温度在100 ℃左右,投叶量不可太多,理条持续时间在5分钟以内为宜。

(5)摊凉。初焙后的茶叶,及时放在室内充分地摊凉 4 小时以上。

(6)烘焙。在烘干机中进行,温度以 90 ℃~100 ℃为宜,含水量控制在 6%以下,以提升茶叶香气。

(四)碧螺春

1. 碧螺春的起源与介绍

碧螺春茶叶有着一千余年的历史,各地百姓起初称它为洞庭茶,后来也叫它吓煞人香。相传这茶奇香扑鼻,最初本地人便将此茶叫“吓煞人香”。到了清代,康熙帝喝到了这款茶叶,对其倍加称赞,认为其名不雅,于是便赐名“碧螺春”(图 2-12)。另外有说法是以其颜色碧绿,卷曲似螺,与采摘地碧螺峰的形态相似,所以定名为碧螺春。

图 2-12　碧螺春

碧螺春，茶如其名，颜色碧绿，类似螺纹，产于早春时期。外观条索细长，白毫隐翠；泡在杯中，颜色翠绿鲜艳，滋味清香醇厚，饮后大有回甘之感。曾人赞道："铜丝条，螺线形，浑身毛，花香果味，鲜爽生津。"洞庭碧螺春有着独特的花果香味，是由于它长在果园里，并且在洞庭山区得天独厚的山场自然环境培养而成。

2. 碧螺春的制作工艺

（1）杀青。在平锅内或斜锅内进行，锅温 200 ℃以下，放入茶叶 500 克，以抖为主，用手翻炒，做到捞净、抖散、杀匀、杀透、无青梗无红叶，动作持续 3~5 分钟。

（2）揉捻。锅温为 75 ℃，通过抖、炒、揉三个手法轮流完成，边抖，边炒，边揉，伴随茶树含水量的逐步降低，条索也慢慢成形。做茶叶时手握的茶叶，松紧都要适中。手握过松不利于紧条；太紧则茶水会内溢，易在锅面结"锅巴"，出现烟焦味，饮叶颜色发黑，饮叶断碎，茸毛掉落。

（3）搓团显毫。它是实现造型卷曲如螺、茸毫满披的重要工序。锅温 60 ℃，边炒边用手使劲地把所有茶叶揉搓为若干小团，不时抖散，如此重复数次，揉至条形逐渐卷起，茸毫外露，达八成干后，转入烘烤阶段。耗时约 15 分钟。

（4）烘干。采取轻揉、轻煎等手法，以起到稳定外形，进一步显毫，并挥发水分的目的。至九成干时，起锅将茶叶摊放在桑皮纸上，连纸放到热锅上文火烘至足干。锅温大约为 40 ℃，足干叶含水率在 7%以下，历时 8 分钟。全程时间为 40 分钟以内。手不离茶,茶不离锅,揉中带炒,炒中有揉,炒揉结合,如此连续的操作后,起锅即成。

(五)太平猴魁

1. 太平猴魁的溯源与介绍

太平猴魁(图 2-13)产自中国安徽省黄山太平一带,属绿茶类的名尖茶代表作。由于它与很多绿茶的以嫩芽或嫩叶为原材料有所不同,只是选用了二叶一芽,茶叶外观平整挺直,白毫隐翠,所以有“猴魁二头尖,不翘不散不卷边”的美称。

图 2-13 太平猴魁

作为一种特种茶类,太平猴魁的特色鲜明,让人一眼观之就知道这是什么茶,仿制难度较大。

根据历史记载,太平猴魁最早产于清朝末年,原名尖茶或太平尖茶,具有兰花香气,滋味爽滑回甘。主产地在新明乡三门行政村的颜家、猴坑山、猴岗一带。尤其以猴坑山茶园中所采制的高尖茶叶质量最好。品此味则幽香扑鼻,浓郁爽口,余味无限,有“头泡香高,二泡味浓,三泡四泡幽香犹存”的意思。太平猴魁曾经获得过多种荣誉,并作为国宾礼茶赠送给外国领导人。

2. 太平猴魁的制造工序

(1)采摘。一般在谷雨前开园,于清晨天朦烟霭的高海拔茶园开采,云退即收工。当茶树长出一芽三叶至四叶时开园采集,立夏时停采。一般采集时期都很短,一年有15~20天的采摘期,分批进行,采集开面的一芽三、四叶。猴魁采集过程十分考究,必须严密地进行"四拣":一拣坐北朝南阴山云雾笼罩的茶山上的茶叶;二拣生长发育旺盛的茶棵采集;三拣粗壮、挺直的嫩枝采集;四拣肥大多毫的茶树。拣尖是太平猴魁生产上的一个特殊过程,将所采的一芽三、四叶,从第二个叶茎部打断,一芽二叶(第2叶开面)俗称"尖头",是制作猴魁的上好原材料。采集季节,通常选在晴朗的午前(雾退之前)。

(2)拣尖。鲜叶采集后倒在拣盘上,按照一芽二叶的要求一株一个地进行筛选,做到过大不要,过小不要,过瘦不要,弯曲不要,无花芽不要,淡色不要,紫红不要,病虫危害不要,等等。

(3)摊放。把经过挑选后的鲜叶摊入竹匾中。摊放4~5个小时,使鲜叶的水分少量流失,以便于下一步杀青,同时又促进茶叶内含物质的变化,对猴魁香气、风味的产生具有一定的影响。

(4)杀青。高温炒制时,杀死了茶叶中的活性化学物质。翻炒时,要"带得轻、捞得净、抖得开"。杀青叶要毫尖整齐,与梗叶相接,自然挺直,叶片舒展。

(5)理条。把出锅的杀青叶一条或一根用手捋直,均匀、平整地摊放在特制的木质铁纱网盒上。捋直时,要用大拇指把二叶包住嫩芽,构成了太平猴魁特有的"二叶抱一芽"的特点。

(6)压制成型。理直的茶条放在专用的成型机上,用木制滚筒轻轻风压,然后手工挤压成形。

(7)毛烘。毛烘又称头火,用炭火烤制。一个杀青锅配四个烘笼,火温分别是 100 ℃、90 ℃、80 ℃、70 ℃。然后边焙边捺,至六、七成干时,才烘摊凉。

(8)足烘。火温掌握在 70 ℃以内,用锦制软垫边烘边捺,保持其外形。经过五到六遍翻烘后,到茶叶九成干时,下烘摊放。

(9)复焙。又叫打老火,在大约 60 ℃的火温下,边烘边翻动。足干后趁热装筒,筒中垫上箬叶,可增加猴魁风味。待茶凉后,再加盖或焊封。

三、绿茶的功效

绿茶的性味归经为苦、甘、凉,归心经、肺经和胃经。而绿茶既有生津解渴的功能,又能够清心除烦、清利头目、清热降毒、化痰消食、利尿。绿茶也适用于日常生活的保健,如能够缓解烦躁口渴、眩晕、目昏、善寐及食积、痰滞、疮痈肿毒等症。绿茶的茶叶内含大量茶多酚,有维护心血管循环、降血压、抗氧化、防辐射、抗癌防肿瘤、降脂减肥、降毒解酒、防霉杀菌、活血化瘀等功效。然而,绿茶中儿茶素的浓度较高,因此失眠者及甲状腺功能亢进的病人不建议饮用绿茶。另外,有消化吸收体系缓慢病的患者,包括胃炎、胃和十二指肠溃疡,以及胃肠动力功能障碍的部分患者,也不建议饮用绿茶。

四、绿茶的冲泡

1. 冲泡用具

透明无花纹玻璃杯 3 个;西湖龙井茶 9 克;茶荷一个;茶匙一个;水盂一个;茶巾一条。

2. 冲泡程序

第一步:备具。(图 2-14)

(1)茶台整理干净,将玻璃杯放置好。

(2)干净的茶巾折叠整齐以备用。

图 2-14 备具

第二步:赏茶。(图 2-15)

请客人欣赏干茶的成色,嗅闻干茶香气,并作简单的介绍。

图 2-15　赏茶

第三步:温杯。(图 2-16)

(1)将沸水倒入玻璃杯中使其逆时针回旋,使玻璃杯壁均匀受热。

(2)将沸水倒入水盂。

图 2-16　温杯

第四步:投茶。(图 2-17)

用茶匙将茶叶拨入玻璃杯中。

图 2-17　投茶

第五步:摇香。(图 2-18)

注入 1/3 的水,快速晃动玻璃杯,以激发茶叶香气。

图 2-18　摇香

第六步:冲泡。(图 2-19)

待水开后凉置到 85 ℃左右,茶水比为 1 : 50。

图 2-19 冲泡

第七步:奉茶。(图 2-20)

(1)稍欠身,伸右手,做请的手势,并说“请用茶”。

(2)可观看茶叶从水底缓缓漂起、悬浮的全部过程,两分钟后即可饮用。

图 2-20 奉茶

3. 冲泡注意事项

(1)在冲泡绿茶时,依据茶叶特性和个人口味,把温度控制在80 ℃~90 ℃。水温过高,茶汤较苦涩;水温过低则茶叶内含物冲泡不出,影响口感。

(2)刚冲泡好的绿茶一定要在30~60分钟内喝掉,不然绿茶里的营养就会流失。

(3)绿茶不能泡得过浓,不然就会影响胃液的正常分泌,因此空腹尽量不饮绿茶。

第三节　黄　茶

一、关于黄茶

黄茶属为轻微发酵茶,茶叶发酵度约为10%,根据鲜叶的老嫩芽叶不同而又分成黄芽茶、黄小茶、黄大茶等,有“黄汤黄叶”的特点。黄芽茶一般有君山银针、霍山黄芽和蒙顶黄芽,黄小茶一般有北港毛尖、皖西黄小茶、沩山毛尖等,而皖西黄大茶和广东大叶青均属黄大茶。黄茶的制茶生产过程类似于绿茶,在生产过程中进行了焖黄。焖黄也是黄茶生产过程中的环节,而黄茶的黄叶、黄汤、黄叶底的特点,正是在这一加工过程中形生的。

对于中国黄茶起源，根据历史记载，早在公元7世纪的时候就开始有出产了。但是，当时黄茶并不同于现在人们所说的黄茶，而是由一种天然发黄的黄芽茶树品种的芽叶所制作的。在唐代享有盛名的安徽省寿州窑黄茶，以及曾用作贡茶的四川蒙顶黄芽，均因芽叶为天然黄色而得名。在唐代宗大历十四年（公元779年）的相关史籍中就有了“淮西节度使李希烈赠宦官邵光超黄茗两百斤”的记述，表明早在中唐时代，在中国安徽就已有黄茶出产。黄茶的杀青、揉捻、风干的过程均与绿茶制法相同，但如果绿茶的加工方法掌握不当时，如炒青杀青气温低，或蒸发杀青持续时间太久，或杀青后不及时摊凉，或揉捻后不及时炒烘干，积累过多，就会导致叶质发黄，从而形成黄叶黄汤，就类似于黄茶的形成。由此推断，黄茶汤的形成很可能是由于绿茶制法掌握错误而发展过来的。

二、名优黄茶及其生产工艺

（一）君山银针

君山银针为黄茶中的瑰宝，且特别稀缺，全是由芽头制成，茶身满是毫毛，颜色鲜亮。此成品茶的芽头茁壮，长度、粗细一致，内显橘黄色，外裹层层白毫。有“金镶玉”的雅号。

1. 君山银针的起源与介绍

君山银针（图2-21）产于中国湖南岳阳洞庭边的老君山上，形细如针，故称君山银针。该成品的茶芽头茁壮，长度、粗细一致，且茶芽内面为金黄，而外表面白毫明显整齐，且包着结实，因茶芽形状就像一支大把的银针，故雅名“金镶玉”。“金镶玉色尘心去，川迥洞庭好月来。”君山红茶历史源远流长，在唐代即以制作成功闻名。相传文成公主嫁人时就选带了君山银针，把它带到了西藏。

图 2-21　君山银针

2. 君山银针的生产工序

（1）杀青。茶叶在杀青过程中，必须注意重力的摩擦。从怀里往前推再上抛撒，使茶芽沿边滑落。

（2）摊凉。把杀青过后的茶叶扬簸数次使之散去热气后，再放于炭火上进行初焙。

（3）初包。用牛皮纸把茶叶包裹起来放在箱内两天，君山银针就基本成形了。

（4）复烘、复包。与初焙或者初包的方法相比，复焙为了使水分再一次挥发，复包使茶叶的香味浓度更好。

（5）足火。足火的温度在 50 ℃左右，直到足干为止。

（6）贮藏。将石膏烧热后捣实，垫在箱底，上边再铺垫两层皮纸，将茶叶用皮纸分装为小包，并置于皮纸之上，封好箱盖。如果及时更新石膏，茶叶质量将经久保持稳定。

（二）安徽霍山黄芽

图 2-22　霍山黄芽

霍山黄芽(图 2-22)是一款源自我国安徽的黄茶,同时也是历代贡茶,其历史能够追溯到明朝。干茶表面光滑,和黄山毛峰茶极为接近。和现有大部分黄芽茶相比,色泽和气味都比较轻微。来源于安徽省的有机品种的手工黄茶,平均海拔在一千米以上,有着大而均匀的深绿色叶片,深沉而柔滑的花香。黄茶中的涩度极少见,由于额外的水分及氧化能够提高其甜度。主要产地是大化坪镇的金鸡山村、太阳的金竹坪、乌米尖等地,产品主要包括黄小茶和黄大茶。

1. 霍山黄芽的起源与介绍

霍山黄芽,中国十大名茶之一。据历史资料记载,霍山黄芽起源于唐代之前。唐代李肇在《国史补》中,将寿州霍山黄芽作为十四个品目贡品名茶之一。

霍山黄芽在唐代时为饼茶,唐《膳夫经手金录》载:“有寿州霍山小团,此可以仿造小片龙芽当作贡品,其数甚微,古称霍山黄芽乃取一旗一枪,古代形容其状如甲片,叶软如蝉翼是尚未压制之散也。”霍山黄芽于明代定为贡品。

据记载，明时，六安贡茶制定于未分霍山府之前原额种茶 200 袋，霍山办茶 175 包。因霍山黄芽一度遗失，1971 年以来，经过了发掘、研究、恢复生产。1972 年 4 月 27 日至 4 月 30 日，由县政府茶办室选派了原农业局茶厂、坝内茶树站的 3 名老茶树及科技干部，在乌米尖上和 3 位七八十岁高龄的老茶农一起炒制黄芽茶，共得 14 千克茶树样，并当即用白铁桶包装了 6 千克提交部门，予以鉴评。翌年县政府土特产品公司又布点了三处，开始开始制作黄芽，金字山为重中之重，多年来，一直由审查委员会评议室老茶树师担任技术指导。另外两个关键点是乌米尖上和金竹坪。此后，历经大化坪区农技站、茶叶站的科技人员不断切磋，经试验提高，黄芽茶采制技艺大大提高，质量规格也更加稳定。目前，霍山黄芽已被评为全省名茶，“金叶黄芽”与黄山、黄梅戏并称为“安徽三黄”。

2. 霍山黄芽的制作工艺

（1）杀青。分为生锅、熟锅。生锅要高速、快爆，锅温在 130 ℃上下，以鲜叶下锅时有爆小野芝麻声为度，叶片上无炸边爆点。手炒一锅投叶量一百斤，将鲜叶下锅时用双手或单手抹抖，抹得干净，抖得开，并完全散失水分，至叶软色变暗后再进入熟锅内。做形动作时要与抓甩、抖翻紧密结合，叶下锅后先炒，使叶子受热一致后四指并拢，手指自然张开，再抓茶叶向锅内侧后再迅速甩开，直至手感略烫后即用抓抖使其散失水分，就这样不断抓、甩、抖相结合，直到芽叶完全收拢成雀嘴状即出锅。

(2)初烘。初焙时是以烘笼烤成,火温约在100 ℃以下,焙后勤翻动匀摊,至五六成干时,再以二焙组合成一焙继续烤,至约七成干时下焙。

(3)摊放。摊置一到两日,使其回潮黄变,并去除片杂后复烘。

(4)复烘。对黄变后的茶叶继续烘烤,以挥发水分,并限制黄变,温度调节视黄变程度而定,黄变程度不够,温度要降低,黄变程度适当时室温则要提高。通常在火温低于90 ℃时,烘至八九成干即可。之后再任其回潮一到两日,以促使其逐渐黄变。

(5)足烘。温度控制120 ℃以内,以提高茶香,翻烘要勤、浅、均匀,烘至足干后,趁热装筒或封罩。

(三)蒙顶黄芽

蒙顶黄芽(图2-23),为中国芽形黄茶一类,产自四川雅安蒙顶山。蒙顶黄芽造型扁直,芽条匀整,颜色嫩黄,芽毫明显,花香幽远,汤色黄亮透碧,风味鲜醇回甘,叶底及全芽均嫩黄。

图2-23 蒙顶黄芽

1. 蒙顶黄芽的起源与介绍

蒙顶茶产于中国四川雅安蒙顶山,是蒙山景区内所制名茶的统称。蒙顶茶种植于西汉,是我国历史上有文字记录人工栽培茶树最早的地区,至今已有近两千年的历史。20世纪50年代初期以产黄芽为主，又称“蒙顶黄芽”，是中国黄茶类名优茶中之珍品，中华人民共和国成立后，蒙顶茶曾被列为全国十大名茶之一。

2. 蒙顶黄芽的制作工艺

（1）杀青。选用孔径在 50 厘米以下的平锅，锅壁表面均匀光洁，使用电热或干柴供热。当锅温升至 100 ℃时，在表面均匀地涂刮上少许白蜡。当锅温达到 130 ℃后，蜡烟热量全部散失后立即开始开杀青火。每锅放入嫩芽 150 克，历时 5 分钟，随着时间流逝，茶色明显，芽叶含水量也降到了 60%左右，便立即出锅。

（2）初包。包黄也是构成蒙顶黄芽品质特征的重要工序。将杀青叶片迅速地用草纸包封好，并将初包叶温度维持在 55 ℃以下，再堆放约 60 分钟，在其中开括并翻拌一下，使黄变一致。待叶温降到 35 ℃以下，且叶子仍呈微黄绿色时，再进行复锅或二炒。

（3）复炒。锅温为 80 ℃，炒时要理直、压扁芽叶，含水量减少到 45%以下，即可出锅。出锅叶温为 55 ℃，有利于复包变黄。

（4）复包。复炒后，为使时间次序逐渐黄变，并产生黄色黄汤，可按初包方式，用约 50 ℃的煎叶进行包置，约 60 分钟，逐渐变成黄绿色，即复锅三炒。

（5）三炒。操作步骤和复炒法相同，锅温在 70 ℃左右，炒至茶条完全定形，含水量在 35%即可。

（6）堆积摊放。目的是促使叶中水分平衡分配和多酚的自行氧化，以满足人们喝黄叶黄汤的需求。将三炒叶趁热铺在细篾或畚箕中，再摊放至厚达 7 厘米，盖上草纸保温，共堆积约 24 小时，即四炒。

(7) 四炒。锅温为 70 ℃，可整理形状，使其散发水分和闷气，并增加香气。起锅后若发觉颜色黄变程度还不够，就可以不断堆积，直至色泽变化适度，就可以烘焙。

(8) 烘焙。焙顶温度一般控制在 50 ℃，经慢烘细焙，可提高色香味的形成。烘至含水量为 5%，出烘摊放，再打包入库。

(四) 北港毛尖

北港毛尖（图 2-24），属于黄茶类的黄小茶种，产自湖南岳阳市岳阳县康王镇北港。干茶芽叶肥壮、颜色金黄、白毫突出，冲泡后的汤色橙黄、芳香清高、风味醇厚。

图 2-24　北港毛尖

1. 北港毛尖的起源与介绍

北港毛尖从唐代就很有名气，当时被称为“邕湖茶”。传说，文成公主当年出嫁西藏之时，曾将其带在身边。到了清代乾隆年间该茶更是名满天下。

2. 北港毛尖的制作工艺

(1) 采摘。清明后几天开采，采一芽二三叶，在天气晴朗时采摘，以避免一些虫害叶，或颜色造型奇特的树叶，当日采完后就可以当日制作。

(2)杀青。北港毛尖的杀青方法更为特殊,它通常采取高温投叶,或中温长炒后老杀的方式。杀青后要求锅温保持在 200 ℃以上,投叶二斤抖炒二分钟左右温度即下降至 100 ℃以下,再炒 12 分钟,当茶坯至三四成干时,锅温即逐渐降到 40 ℃以下,即可进入锅揉阶段。由于鲜叶水分很足,在较长时间的锅炒中,叶绿素破坏得比较严重,为黄茶独特的口感打下了根基。

(3)锅揉。杀青后的北港毛尖一般是不出锅的,而是在锅温为 40 ℃左右,茶叶含水量约至 55%以下时转入锅揉,亦即在锅中边揉边炒,形成条索。

(4)拍汗。将茶坯放置簸箕内拍紧,上盖棉套,使茶条回润,色泽变黄,再投入锅内复炒复揉。奠定了北港毛尖黄汤的品质。

(5)复炒复揉。经过拍汗后,取出茶坯再放入锅内复煎。锅温为 70 ℃,边炒边揉,至茶条紧卷,白毫外露后,约八成干即出锅摊晾。

(6)烘干。用木炭烘焙,到足干下焙,装入箱内严封,使茶叶色泽进一步转黄。

(五)皖西黄大茶

皖西黄大茶(图 2-25),为中国安徽省霍山、金寨、大南、岳西所制。质量最好的地区当数霍山县大化坪镇、漫水河镇,以及金寨县附近。干茶颜色比较自然,为金黄色,香气较好,滋味浓郁,耐泡。

1. 皖西黄大茶的起源与介绍

皖西黄茶源远流长,从明代开始,由于炒青安绿制法的逐步开

图 2-25 皖西黄大茶

发与成熟,黄大茶、黄小茶等就随之产生。安徽省皖西地区,从黄茶的地域含义上可以特指六安,而皖西黄茶则指的是由六安市和相邻的岳西县所辖行政区域的茶园所生产的鲜叶按黄茶生产方法加工制作,并带有黄汤黄叶的口感特点的茶。

2. 皖西黄大茶的制作工艺

(1)炒茶。炒茶过程分为生锅、二青锅、熟锅三锅的连续作业。生锅一般起杀青作用,破坏酶的活力;二青锅一般起预备搓条和持续杀青的功能;熟锅则基本上是进一步做条。

(2)初烘。烘至七八成干,茶梗折而能断时,即为适宜。这时就可以下烘堆积或干脆交售给茶叶站了,由茶叶站统一堆放。

(3)堆积。茶场对收来的茶,首先拉小火,焙到九成干,而后堆放,堆积日期相应久一些。堆至叶子黄变,香味逐渐吐露,温度适宜,便可开堆加以烘烤。

(4)烘焙。通过高温进一步促使茶叶黄变和内质的转变,从而形成黄大茶独特的焦香。火功要好,烘得足,这种色香味就得以全面发挥,持续时间大约为六分钟,当茶叶梗折而即断,梗心呈白菊状,茶叶梗露出金黄光泽,芽叶有霜,焦香明显,应立即下烘,趁热踩篓贮藏。

（六）广东大叶青

图 2-26　广东大叶青

广东大叶青（图 2-26）是中国广东省的特色茶叶。制法为先萎凋再杀青，然后揉捻并闷堆。这与其他黄茶品种不同，但生产质量更符合黄茶的基本性质，所以，它属于黄茶。主要产地为我国广东省韶关、肇庆、湛江等县区。在广东省大叶青的品质特点是，形态条索肥壮、密结、重实，老嫩一致，叶张整齐，显毫，色泽青润显黄，香气纯净，风味浓醇回甘，汤色橙黄鲜亮，叶底淡黄色。按质量分为一到五等。

1. 广东大叶青的起源与介绍

广东大叶青创制于明代隆庆期间，至今已有四百余年的发展史。叶大、梗长、汤色黄，有浓烈的老火味（俗称锅巴香）。

2. 广东大叶青的制作工艺

（1）萎凋。分为日光萎凋、室内外萎凋和萎凋槽萎凋，使鲜叶的水分迅速挥发，便于杀青。同时挥发了鲜叶的青草香味，增加茶香。

（2）杀青。是制出大叶青的关键步骤，对保证大叶青的质量起着至关重要的作用。杀青方式包括手工或机器。以八十四式双锅杀青机为例，当锅温提高至 200 ℃时，放入 8 千克左右鲜叶，先透杀一两分钟，后闷杀一分以内，再透闷结合，杀青时 8～12 分钟，当颜色逐渐转为暗绿，有黏性，用手指掐能成团，嫩茎折而不断，青草气逐渐减弱，略显熟香时即可起锅。

(3)揉捻。通常用于中、小型的搓捻机。要求条索紧实，并保证有锋苗、显毫。揉搓程度不能过重。

(4)闷堆。是实现大叶常青质量特点的重要环节。将揉捻叶盛于大竹筐中，厚度在 40 厘米左右，通常置于避风或较燥湿的地点，必要时在上面盖上湿布，以保证叶片湿度，将叶温控制在 35 ℃以内。在温度 25 ℃以内时，闷堆持续时间大约 5 个小时，温度在 28 ℃之上时，3 个小时左右就可以。当闷堆适宜时，叶子黄绿色而显光泽，青气逐渐消失，产生了强烈的香味。

(5)干燥。分为毛火和足火。烘至足干后，即下烘并再摊凉，然后及时装袋。毛茶含水量不高于 6%。相对粗老的茶，用毛火用阳光下晾至七成干时，再行足火。若成品的白毛茶外形、粗细、老嫩程度等不均，可加以拣剔和甄别，在进行处理后，力求原身长条和芽叶完好。经筛选后，再按标样等级拼配。

三、黄茶的功效

黄茶中含有大量的消化酶，对脾胃湿热者最有益处，若消化不好，饮食障碍，均可喝以化之。茶黄素可穿入脂肪细胞，使脂肪细胞在消化酶的影响下恢复正常新陈代谢功能，使油脂化除。黄茶中还含有的茶多酚、氨基酸、可溶性糖类、烟酸等丰富的微量元素，对预防食管癌有显著作用。

四、黄茶的冲泡

1. 冲泡用具

白瓷盖碗一个;蒙顶黄芽 3.5 克;公道杯一个;茶道组一套;品茗杯 3 个;茶荷一个;水盂一个;茶巾一条。

2. 冲泡程序

第一步:备具。(图 2-27)

(1)茶盘整理干净,将盖碗和公道杯横放一排在茶盘内侧。

(2)品茗杯位于盖碗的前侧。

(3)干净的茶巾折叠整齐以备用。

图 2-27　备具

第二步:赏茶。(图 2-28)

(1)倾斜转动茶瓶,把茶叶倒入茶则。

(2)用茶匙把茶则中的茶叶拨入茶荷。

(3)请客人欣赏干茶的成色,嗅闻干茶香气,并作简单的介绍。

图 2-28　赏茶

第三步:温壶烫杯。(图 2-29)

(1)使沸水逆时针回旋倒入盖碗中,以提高盖碗的温度。

(2)接着倒入公道杯。

(3)接着倒入品茗杯。

(4)将沸水倒入水盂。

图 2-29　温壶烫杯

第四步:投茶。(图 2-30)

用茶匙将茶叶拨入盖碗中。

图 2-30 投茶

第五步:冲泡。(图 2-31)

(1)待水开后凉置到 90 ℃左右,第一遍为洗茶。

(2)控制第一泡出汤时间,浸泡太久会影响茶叶的色香味。

图 2-31 冲泡

第六步:出汤。(图 2-32)

右手拿盖碗将茶汤倒入公道杯,尽量将盖碗里的水控干,以免影响茶汤的口感。

图 2-32 出汤

第七步:分茶。(图 2-33)

将公道杯中的茶汤分别倒入品茗杯,斟七分满。

图 2-33 分茶

第八步：奉茶。（图 2-34）

稍欠身，做请的手势，并说“请用茶”。

图 2-34　奉茶

3. 冲泡注意事项

（1）投茶要适量，茶叶配比1：50，还可以依据自身口味做出适当改变。

（2）提倡使用纯净水来冲泡黄茶，因为水中的溴化物离子、钙离子和镁离子对茶汤的质量有着很大的影响，所以不提倡使用自来水等含碳酸钙或镁离子较多的矿泉水冲泡黄茶。

（2）每次出茶汤 2/3，这样每泡的茶汤品质均最佳，蒙顶黄芽建议一、二、三、四泡出茶汤的时限为 1.5 分钟、2 分钟、3 分钟、4 分钟，四泡后茶汤的可浸出物最少可浸泡出 80%左右。

第四节 夏季养生茶饮

夏季炎热，需要多喝茶水给身体补充水分，还可以适量地饮用一些花果茶，比如菊花等，不仅可以补充身体水分，还可以加速身体的代谢。

在冲泡绿茶的时候，可以放入适量的菊花搭配饮用，两者所含有的营养物质并不会发生不良反应，相反，其所含营养物质还会相辅相成，对身体的滋补效果更佳。

绿茶中富含的多种物质，有很好的解腻降脂功能。而菊花中所富含的营养素，有很好的清热解毒、降火去燥的功效。将二者配合饮用，能较有效地清除机体中的代谢垃圾、毒素、湿气以及寒气，同时还具有很好的消脂减肥、消食开胃的功效。用绿茶搭配菊花一起泡水饮用时，可以适量搭配枸杞、红枣、蜂蜜等滋补食材，对身体的滋补效果更佳。应根据自己身体的状况，合理地使用，饮食过度会影响健康。

一、菊花绿茶

准备材料：绿茶 3 克，菊花 5 朵，枸杞子 10 克。（图 2-35）

制作方法：将枸杞子和菊花清洗，置于杯中，添加绿茶，用适量温水冲泡片刻即可。

图 2-35　菊花绿茶

二、梅子绿茶

准备材料:绿茶 5 克,话梅 10 颗,开水 500 毫升。(图 2-36)

图 2-36　梅子绿茶

制作方法:把话梅片和绿茶茶包放进茶杯,并注入约 1000 毫升热水,静置约 3 分钟,然后轻轻地晃动绿茶茶袋,把茶叶袋拿出。再浸渍片刻,待白话梅泡发之后即可饮用,也可置于冰箱中冷冻后直接食用。可依照个人口味,加入适量冰糖。已泡好的茶水请于当天饮用完。

秋季篇

天高云淡枫林晚，笑谈人生品佳茗

第一节　秋季饮茶特点

有这样一个说法：春花、夏绿、秋乌龙，冬天最好饮黑红。

在秋天，我们容易口干舌燥、皮肤干燥、头发脱落、生长头屑、情绪烦躁，这些表现在中医上称为秋燥。所以秋天要注意补水滋阴养肺。而乌龙茶被认为是秋天适合喝的茶。下面我们就来细数下秋天喝乌龙茶的好处。

其一，乌龙茶性平和，不温不寒，属于半发酵茶叶，乌龙茶有很强的杀菌消炎功效，对于防治呼吸道疾病效果明显。

其二，喝乌龙茶可以清除身体的浮躁烦躁之气，还可以生津止渴，滋润皮肤。

其三，乌龙茶除了很好的美容抗衰功效之外，还有降低血脂、减肥的功能。在我国，乌龙茶被称为健美茶和美容茶。

其四，秋天的时候人们容易困乏，喝一杯乌龙茶，凝神定心提神效果显著。

其五，多数人在秋天开始进补，大鱼大肉吃多了，搭配一杯乌龙茶可以解腻。

喝乌龙茶的好处较多，我们再来看看具体的节气适应喝什么茶。

二十四节气中，秋季有六个节气：立秋、处暑、白露、秋分、寒露、霜降，每个节气我们的身体都会随着时间做出调整，相对的适合品饮的茶也不尽相同。

一、立秋

“立秋暑犹重，单枞最从容”。

立秋是秋季的初始，气温逐渐由热转凉，身体也需要调整状态来适应天气。此时，虽然“天凉生岸柳，却暑意犹重”，因此收养心神、养阴润肺是重点。茶不可不饮，不能少饮。

适宜饮用的茶品：凤凰单枞为佳。

二、处暑

“处暑凉意重，宜神有乌龙”。

《月令七十二候集解》中讲道：“处暑，七月中。处，止也，暑气至此而止矣。”到了处暑，也就意味着最燥热的天气即将过去，但体内湿热犹存，故宜开始增加运动，太极、站桩、瑜伽、走路、郊游都是很好的方式，也可适量服用西洋参、百合、莲子、银耳、蜂蜜等。

适宜饮用的茶品:乌龙茶。新岩茶不宜饮用,新暑茶也不宜同时饮用。

三、白露

“露白雁西南飞,银针三年佳”。

八月节,大雁南飞。秋属金,阴气重,露凝而白故称白露。平时大家都认为白露过后不适宜采摘茶叶,但是四川宜宾产的“黄金白露”,正是以白露当日采摘鲜叶制成的名茶,茶味醇正。

适宜饮用的茶品:陈年乌龙茶。

四、秋分

“乌龙性中和,秋分阴阳平”。

从自然的时钟上观察,只有春分、秋分是阴阳均衡的,二月春分,阳中雷发声,八月秋分,阴中雷收声。此季衣忌过厚,食忌过寒,情忌过激。

适宜饮用的茶品:凤凰单枞和隔年武夷岩茶。老茶茶性和平,宜于晚饭后品饮,可安神宜中。

五、寒露

“寒露宜润肺,盏中隔年红”。

二十四节气中第十七个节气是寒露,也是秋季的第五个节气。进入寒露,昼夜温差大,秋燥明显。在秋意渐浓的天气里,手捧一杯热茶暖身又暖心，寒露至时喝寒露茶，也是我们常说的“一年之茶在于秋”。所谓寒露茶，是指寒露前三日及后四日所采的茶，又称为“正秋茶”。寒露季节，坚持适当喝茶，可以温和滋润身体。

适宜饮用的茶品：隔年岩茶、隔年单丛、春季铁观音及台湾乌龙茶。

六、霜降

“气肃露为霜，青茶伴斜阳”。

时至寒秋，气肃而凝，露结为霜矣。霜降也是秋季最后一个节气，气候变凉，人体内的气血开始收敛。此时多数产区的茶叶长得缓慢，甚至休眠而暂停生长。而在我国的广东、福建、台湾等地，乌龙茶中的白雪片与“冬片”却是在此时采制。由于昼夜温差较大，茶树更有利于积累更多的芳香物质，“香高水甜”正是冬茶的特点。

适宜饮用的茶品：退火到位后的正岩茶最佳，长期饮用，养胃祛湿，还可发挥其润肺之效。

第二节　乌龙茶

经常有朋友问，经常听到乌龙茶这个称呼，它到底是什么茶啊？“闽北乌龙”“大叶乌龙”，又是什么意思呢？

要解决这个看似复杂的问题，就要从乌龙茶的含义说起。乌龙茶包含两层含义：一层是茶树的品种，一层则是茶叶种类。

乌龙茶,又称为青茶,属性为半发酵茶。乌龙茶根据产地不同可以分为四大类:闽南乌龙、闽北乌龙、广东乌龙(广东凤凰单枞)、台湾乌龙。同时“乌龙”又是茶树的一个品种,多为小乔木或灌木型植物,乌龙茶树具有叶肉厚实的特点,特别适合制作半发酵的青茶。

一、闽南乌龙

闽南乌龙茶主要生产地位于福建境内同安、永春、安溪、南安等地,其中以安溪铁观音、永春佛手和漳平水仙最为出名。

(一)铁观音

1. 铁观音溯源

从有文化记录的史料中看,铁观音(图 3-1)首先出产于我国安溪,汇流于我国的六大主要茶树品种,又角逐在国际茶叶贸易中居前列地位,这要归功于我国茶树之历史丰富而悠久,以及我国的茶树文化底蕴丰富而渊博精深。《神农本草经》中有记载:“神农尝百草,日遇七十二毒,得茶而解之。”茶树在我国最先以草药的面貌存在。陆羽在《茶经》中记述道:“茶之为用,味至寒,为饮最宜精行俭德之人。”格物致知,茶文化在我国渐渐被提升到较高的境界。时过境迁,茶走进了千家万户,更成为无数文人墨客不可缺少的伴侣。

图 3-1　铁观音

2. 铁观音的产地及简介

铁观音，中国传统名茶，属于青茶类，为我国十大名茶之一。于 1723—1735 年被发现，原产地是福建泉州市安溪县西坪镇。"铁观音"不仅是茶名，还是茶树品种名，属于半发酵茶，介于绿茶与红茶之间，具有红茶的醇厚又有绿茶的清香，它独具"观音韵"，清香雅韵，兰花香高扬，滋味纯厚鲜爽，香气馥郁持久，冲泡七次仍有余香。铁观音除具备一般茶叶的保健功效之外，还具有舒张血管、减肥美容、抗癌、预防糖尿病、抗衰老、抗动脉硬化、除口臭、治脚气、平肝降火等作用。

铁观音含有多种微量元素，如氨基酸、维生素、生物碱、矿物质、茶多酚等，有多种营养价值和功效。民国八年，由中国福建省安溪传入木栅区试种，分为"红心铁观音"和"青心铁观音"两种品类，红心乌龙属横张型，枝干粗硬，叶片稀松，芽小叶厚，品种数量虽不多，但所制包种茶的质量非常好，且生产季节比青心乌龙晚，其树形稍，叶片呈椭圆形，叶厚肉多，叶片平坦且舒展。

3. 铁观音的传说

(1)"魏说"——观音托梦，据传安溪松岩村有一个老茶农魏荫，他勤于种茶，且信奉观音。每天晨暮时分都会为观音像敬奉一杯清茶，数十年不辍。一天晚上，魏荫梦见自己扛着锄头出家门，在溪涧边的石缝中发现了一棵茶树，枝壮叶茂，芳香诱人，翌日醒后，他顺着梦中的路径去寻找，果然在观音仑打石坑的石头隙缝中发现了梦中所见的那棵茶树，在朝阳辉映下树枝闪闪发亮，茶叶叶肉肥厚，嫩芽紫红，魏荫便将茶树挖回种在家中的铁鼎里，并悉心栽培。

悉心栽培后的茶树，在枝茂叶繁时，开始采摘、制茶，这种茶叶较其他茶叶重，且暗绿似铁，人们便顺口称它为“重如铁”。“重如铁”茶香气浓郁特异。因为这种茶经常被魏荫在供佛时使用，而更名为“铁观音”。

（2）“王说”——皇帝赐名，相传安溪西坪南岩仕人王士让，在自家“南轩”书房与诸友会文。黄昏时分，他独自在南轩书房外徘徊时发现层石荒园间有棵茶树，就将其移植到南轩的茶圃，精心培植，朝夕管理，这棵茶树枝叶茂盛，采制而成的茶品，乌润肥壮，泡饮后，滋味醇厚甘鲜、回甘悠久。

乾隆六年，王士让奉召入京，谒见礼部侍郎方苞，便以此茶叶作为礼物赠予方苞，方苞见其味非凡，便又将其转送内廷，乾隆饮用过后大加赞誉，因此茶外观乌润壮实，沉重似铁，饮之味香形美，犹如“观音”，赐名“铁观音”。

4. 铁观音的制作工艺

铁观音优质品质的形成，源于独特、精湛的加工工艺，生产出的干茶色泽翠绿，外形紧实圆结，芽叶肥壮，汤色清澈明亮，滋味鲜醇顺滑，香气清锐高长，有花香，叶底翠绿稍显红边。铁观音初制工艺包括萎凋、做青、杀青、包揉、烘烤。

（1）萎凋。将鲜叶按品种、老嫩和采摘时间区分开来，每筛青叶均匀摊放，要求少量薄摊，摆在摊青架上。其间轻翻 2～3 次，使青叶水分均匀蒸发防止内部发热。上午采回的鲜叶一直摊青到下午，与下午采回的鲜叶一起晒青。晒青则要及时摊青，放通风处吹软，摇青时多摇一次。

晒青通常在当天下午 4~5 时,量大的可提前在下午 3 时开始。晒青气温在 20 ℃~25 ℃为宜,时间为 5~30 分钟,须依据季节、气候、鲜叶含水量、品种等灵活操作。叶片肥厚、含水量多的鲜叶晒青宜重,叶张薄、梗梢小的鲜叶晒青宜轻,春茶晒青宜长,夏茶不晒或以晾代晒,秋茶短晒。

晾青的办法是将鲜叶均匀地薄摊在水筛上,然后排放到日照充分、室内空气畅通的晒青场或晾青架内,其间翻拌一遍,使晒青均匀。

晒青程度以晒青叶发出淡淡清香、顶叶微有显软刚失去光泽为宜,减重率约为 5%(旧工艺为 8%~10%)时迅速收青,待冷却后做青(大约 1 小时)。

(2)做青。做青的特点是摇青次数少、时间短、摊青薄、摊放时间长、轻发酵。做青时室温 20 ℃~25 ℃,空气相对湿度 70%~80%最为适宜。

具体做法:第一次 3~5 分钟,摊放 2 小时;第二次 5~10 分钟,摊放 2 小时;第三次 15~20 分钟,摊放 1 小时以上。按照所需茶的发酵程度,调整摇青的次数和摊放时的长度。

(3)杀青。新工艺杀青,要把握“高温、抖炒、杀老”的基本工艺原则。杀青时,滚筒的高温在 70 ℃~200 ℃,茶叶在滚筒内产生如鞭炮的声音。每次滚筒投入茶量要适度,避免茶青过多炒制不匀,含水量降至 30%~40%为宜,在产生“沙、沙”响声后大约半分钟时出锅。此时手握茶不成团,经搓捻后在揉盘上会产生一些茶粉。

(4)包揉和烘烤。分为初揉、初烘、初包揉、复烘、复包揉、再烘烤等。

初揉:将杀青叶趁热装入揉捻筒内,经适量加压初揉 1 分钟后,从筒内解块,再适量加压重揉 3~4 分钟后,即能解块并上焙。若不及时上烘,应摊置散热,以免闷黄。

初烘:初烘的温度为 80 ℃~100 ℃,当烘至六成干后,不黏手便可以下烘,包揉整形。

初包揉:包揉方法有传统的手工包揉和用各种型号的包揉机包揉。手工包揉是用 75 平方厘米的白布巾,每包初烘叶重大约 5 千克,工人一手握住白布巾的包口,将茶叶包置于小板凳上,另一只手紧压着茶叶包向前滚动并推揉,揉力前轻后重,并让茶叶在布巾内翻转,之后解散茶团,重揉至适度,使条形紧结。初包揉时,时间不宜过长,以免闷热发黄。

复烘:手工复烘焙笼温度为 80 ℃~85 ℃,每笼投茶叶 0.5~0.8 千克,烘焙约 10 分钟。其间翻拌 2~3 次。烘至茶条松散,微有刺手感即可起焙。

复包揉:方法与初包揉相同,手工包揉两分钟左右,揉至条形卷曲成螺状。复包揉后进行筛分,筛上未成形或未紧曲的茶条进行第三次复焙和复包揉,直到多数成蜻蜓头状或圆球形,然后包装并定型约一小时。

再烘烤:需采用低温慢焙的方式,火温为 60 ℃~80 ℃。焙至茶团自然松开后,再用手搓散结块,继续烘焙至八九成干后下焙摊凉,再进入下一道工序足火,时间约一小时,其间翻拌 2~4 次。直至手折茶梗断脆、茶香清纯、茶色油润起霜时可以下焙，经过摊凉后再装箱储藏。

（二）永春佛手

1. 永春佛手溯源

永春佛手（图 3-2）又称香橼，是中国乌龙茶中的名贵品种之一。因其叶大似掌、形似香橼柑，始种于佛祖庙内，故名佛手。而百姓口语中，“茶佛一味”，盖始于佛手茶。相传很久以前，骑虎岩寺的一位和尚，每日都要以茶供佛。有一天，他突发奇想：佛手柑香气宜人，要是能把茶叶泡出来“佛手柑”的香气应该很好！经多次尝试后，只有将茶树枝条嫁接到佛手柑上，才能够达到既有佛手柑的香气又有茶的香味的效果。和尚品尝后惊喜万分，并将这个茶取名为“佛手”，他在清康熙年间将技艺传授给永春师弟，附近的茶农竞相引种，佛手茶很快得到大量种植，曾有记载：“僧种名芽以供佛，嗣而族人效之，群踵而植，弥谷被岗，一望皆是。”佛手茶也因此而得名。

图 3-2　永春佛手

2. 永春佛手的产地及简介

永春佛手茶，主产于福建泉州永春县苏坑、玉斗、桂洋等乡镇，海拔在 600~900 米的高山处，永春佛手茶大部分茶园种植在山区和半山区。这里山清水秀,泉甘土赤,其所出产的佛手茶叶品质极佳,历来为本类茶之极品,为区别于其他地方出产的佛手茶树,又称“永春佛手”。高山云雾出好茶,永春佛手茶条索肥壮、圆结、颗粒大,香气浓郁悠长,滋味醇厚。张天福老先生曾称赞:“永春佛手,点滴入口、齿颊留香,色香味俱臻上乘,不愧为茶中名品。”据福建农业大学测定:佛手茶叶中浸出物含量达46%、单宁1%、黄酮类物质1毫克/克、锌57微克/克,其中,锌和黄酮类物质为乌龙茶中含量最高的。

3. 永春佛手的传说

据说,从前有个叫凤山公的人。凤山公居住于望仙山麓永春县玉斗镇凤溪村,他一生精研百草,治病救人。有一回,他到望仙峰中摘青草药,却在小溪边看到一棵树型婆娑,叶大如掌,似茶非茶的植株,摘下树叶一闻,芳香沁人心脾,在口中一嚼,顿觉清香爽口,凤山公认为这是一味良药,就将其收集了回来。乡人凡有病痛,用了这味药之后,就药到病除,人们称其为瑞草,之后凤山公将这味药的树枝剪下,种植在了百草园中,逐渐变成了治病救人的主药。

4. 永春佛手的制作工艺

从外形上看,佛手茶与铁观音相差无几,同样的翠绿色,不过它们在制作工艺上有所不同。

永春佛手茶采制工艺流程为:鲜叶(采摘)→晒青(萎凋)→晾青(摊凉)→做青→摇青→杀青→揉捻→初烘→初包揉→复烘→复包揉(定型)→烘干→成茶。

由于茶叶的特点不同，所以永春佛手茶的加工过程中会有很多特殊的方法。永春佛手的摇青过程与摊凉必须重复三至四遍，然后才能进行杀青。在摊晾和发酵这些最重要的工序中，时间要比铁观音的过程短一点。制作佛手晒青从开始到结束，通常需要在 1 小时以内完成，而铁观音则要超过 1 小时。由于佛手叶子很大，包揉的整个过程要比铁观音多两三次，便于定型。

永春佛手在传承了闽南乌龙茶生产传统工艺的基础上，采用了闽北乌龙茶生产的传统工艺优点，针对鲜叶原料叶片体积大、水分挥发速率快和蜡质层薄、做青易红变等特性，采用了多次轻摇、适度厚摊和缩短摊青时长等方法，使其工艺更为合理。制作的佛手茶香更显、味道更清醇、汤色更鲜亮、更耐冲泡，从而有了“永春佛手”的特有韵味，使其在国内和东南亚市场上都博得了美誉。

（三）漳平水仙

1. 漳平水仙溯源

据考证，在宋代漳平先民就有了农事活动，至明清时期已有相当规模，并形成了专业的茶叶生产作坊。

2. 漳平水仙的简介及产地

漳平水仙（图 3-3）是由漳平茶农所创制的传统名茶。水仙茶饼是乌龙茶中唯一的紧压茶，品质珍奇，风格独一无二，古香古色，极具有浓郁的传统风味，是福建乌龙茶中的“一方诸侯”。干茶青褐间蜜黄或乌润间金黄，色泽油润，香气清幽，带有天然兰花香，滋味醇厚细润又润滑回甘，汤色为金黄或橙黄明亮。张天福老先生曾多次亲临漳平县考察指导、传授技艺，“漳平水仙是乌龙茶的千金（小姐），是当今唯一保留原有乌龙茶品质风格的茶”。这是张天福先生对漳平水仙的评价，由此可以看出老先生对漳平水仙的认可与赞誉。

图 3-3　漳平水仙

漳平水仙产地在漳平山。漳平山清水秀、生态优美，自然资源十分丰富，素有“金山银水绿宝”之美誉。地处中亚热带与南亚热带过渡带，属亚热带季风气候，气温适宜，温热湿润，雨量充沛，冬无严寒，夏无酷暑。年平均气温在 16.9 ℃～20.7 ℃，降水量达 1450～2100 毫米，无霜期长达 251～317 天，年平均日照时间 1853 小时左右，有利于作物多熟和树木生长，为茶叶的生长创造了良好的天然环境。

3. 漳平水仙的传说

相传在古代，漳平因为无情的天火，被烧红了天，也烧红了地，以至于山上山下一片光秃秃，寸草不生。穷人们也都纷纷背井离乡，有的人去了汀州市做生意，有的到闽南地区沿海边捕鱼捞虾，人们纷纷逃离，唯有村头一位叫朱峰奇的小伙子没走，他说：“子不嫌母丑，狗不嫌家贫，生活再苦，我都要留在这里用双手重建家园。”

朱峰奇送走了乡亲们后，便每日起早摸黑辛勤劳作，光秃秃的山沟又重新长满了草木。

有一日，天宫里的一位仙女，无意间探头见这一带林木繁茂，风景远胜天上。再细一看，在天山间有一位帅气的年轻人，正在辛勤地耕耘，仙女早已厌倦了在天宫里的日子，更渴望凡间男耕女织的生活。于是，她偷偷地下到凡间。

朱峰奇见仙子下凡人世，情愿同他同甘共苦，便也对她一见倾心。正在二人誓愿白头偕老时，镇守天门的神使，把仙女私自下凡的情报禀告给了玉帝。玉帝大发雷霆，马上下令火神公放火焚山，把朱峰奇辛苦耕作的花草树木全部烧毁，大火烧了三天三夜。后来玉帝又唯恐二人不死，就下令雷神公呼风唤雨，以天河之水，把这一带全部淹没。

朱蜂奇和仙女逃入石洞内躲避，但是到了玉帝下令决天河之水并淹没这片农田之后，两人便被猛烈的山洪冲散了。朱峰奇醒来身边不见仙女的踪影，心中担忧她的安危。忽然在洪流的浪峰之上长起了一株茶树，在茶树旁立着一位美貌俊艳的小仙女。这位仙女哭泣着喊："郎君，我在这儿！"她随手采摘了水中的茶泡水后，让朱峰奇饮用。随后顿觉得神清气爽，逐渐恢复神智。

仙女对着刚刚苏醒的朱峰奇说："火烧、雷击、水淹怕什么？精诚所至金石为开，只要坚持就会得到幸福。"从此，他们在当地以种茶谋生。他们所采制的茶叶，具有消暑生津、清热解毒及利尿等功效，且有独特的兰花香，深受大众欢迎。

4. 漳平水仙的制作工艺

漳平县水仙茶饼的做法很特殊，通过繁杂的制作，方可作出"色、香、味"俱佳的好茶，为此也叫作"功夫茶"。漳平水仙茶既传承了闽北岩茶(味)与闽南铁观音(香气)的做法,又有着自己独到的创新,不仅外形独特、品质优异、风格珍奇,还可以长期保存,香气和滋味也再次得到凝聚和提炼,茶汤全黄透亮,香气清扬持久,令人回味无穷。

采制工艺流程为:鲜叶(采摘)→晒青(萎凋)→晾青→做青(摇青、晾青交替)→炒青(杀青)→揉捻→复炒→复揉→模压造型(造型、定型、包纸)→焙(初焙与复焙,用炭火精心焙干)→成茶(入仓、包装出货)。

二、闽北乌龙

茶以山得名,山以茶而名。名山出名茶,名茶耀名山。武夷山是中国乌龙茶的发源地,也是晋商“万里茶路”的起始地,所产乌龙茶,为闽北乌龙之冠。武夷岩茶承日月之精华,沐天地之慧心,得此佳名,可谓是蕴藏自然而美好的内质,岩骨花香。

(一)大红袍

1. 大红袍溯源

大红袍(图 3-4)起初是武夷岩茶名丛的名称,随着时间的推移和人们的广泛使用,如今的大红袍有三层含义,分别代表了品种名称、商品名称和品牌名称。大红袍究竟是如何在这里落户,又是由谁在石壁上砌台栽培的,目前已无从查考。而大红袍茶名发现于清代,关于大红袍茶树遗址的新发现,历来就有九龙窠。此遗址上,虽记有大红袍,然经考察,均已名不副实了。而九龙窠石壁上的摩崖石雕“大红袍”朱红色三个大字是何时何人所写？据天心村原村长苏炳溪回忆：岩崖上“大红袍”三大字系1945年时任崇安县县令吴石仙的亲笔。由于当时大红袍已经扬名海内外，每天的游人甚多，寺僧因怕游人不珍惜，擅自摘取，遂将大红袍的名字隐藏起来。

图3-4 大红袍

由于文化宣传把大红袍推上了神坛，使得人们敬之畏之，不敢贸然靠近，更别说进行科研和推广，直至20世纪中期大红袍才走出传说再现真容。1985年，武夷山茶科所将大红袍从福建省茶科所引种回武夷山，并开始有意识地推广种植。

2. 大红袍的产地及简介

武夷山大红袍是乌龙茶的一种，但因为数量少，且采集过程艰难，所以武夷山大红袍茶在交易市场上往往是价值高昂的珍品。武夷山大红袍茶树为无性系；灌木型，小叶类，晚生种。树冠半开展，高1.5米左右，主干粗大，直径达5.5厘米，分枝密，芽叶特征明显，叶长约5.3厘米，宽约8厘米，叶形似椭圆，色深绿、光亮，肉稍厚、质脆；叶缘锯齿浅而明显，有20~25对。成品大红袍外形表现为直条形，紧结重实，色泽绿褐油润；香气馥郁，久泡不褪。滋味醇厚浓爽，回甘明显，两颊留香，岩韵显；汤色金黄、清澈、明艳，富有光泽。

3. 大红袍的传说

明朝洪武年间进京赶考的举人雷镒途经武夷山，昏倒在路边，奄奄一息。时值茶季，寺中僧人采茶归来将昏迷的雷镒带回，方丈发现他是中暑了，便命小和尚煮茶给雷镒服用，没想到喝了一碗茶，雷镒很快清醒，得救后继续进京应考，并考取状元，之后到天心寺报恩，方丈告诉他救他命的是九龙窠的几棵茶树，雷镒当即脱下红袍披盖在茶树上，跪拜谢恩，此后那几棵茶树就被称为大红袍。

4. 大红袍的制作工艺

大红袍使用传统的采摘制作工艺，使得其优异的品质得以充分展示。(图 3-5)每年基本上采一次，多则两次，一般为春茶加上秋茶或冬茶，这样有利于内含物质的沉淀。鲜叶的采摘标准：以新梢芽叶形成驻芽后采一芽 2~3 叶，俗称开面采，其中有小开面、中开面、大开面。采摘时要求掌心向上，以食指勾住鲜叶，拇指食指合力上挑，将茶叶折断或掰断，力求保持芽叶新鲜完整。

大红袍的传统手工制作工艺包含萎凋、晒青、晾青、做青(包括摇青、做手、静置)、炒青、揉捻、初焙、扬簸、凉索、复焙等工序，目前除了极品大红袍仍用传统的手工制法外，大宗大红袍普遍采用机械化生产方式，其制法由 6 个工序组成：萎凋(包括晒青和晾青)、做青(包括摇青和静置)、炒青、揉捻、初焙、扬簸、晾索、复焙、足火等工序。

(1)萎凋。萎凋是岩茶香味形成的基础环节，是指芽叶失去少量水分后呈现出柔软的状态，目的在于蒸发水分，软化叶片，促进鲜叶内部发生变化。

图 3-5　采茶

1)晒青(图 3-6)。茶青进厂后,倒入青弧内,用手抖散(避免茶青紧结发热红变)将茶青均匀摊于水筛中,摊好后放置于竹制晒青架上。根据光照强度、风速、湿度,以及鲜叶嫩度、采摘季节不同,灵活掌握时间。

2)晾青。晒青之后、做青之前的工序称为晾青。初采茶青水分,多富有弹性,经日晒后,叶片呈现"稠状",光泽渐退,而后将两筛并做一筛,轻摇两三下再晒片刻,随后放入庇荫处的晾青架上。

整个萎凋的原则是"宁轻勿过",使得青叶恢复部分弹性,利于后续做青的进行。

图 3-6　晾青

(2)做青(图 3-7)。做青是大红袍特殊品质形成的关键。做青是岩茶初制过程中十分重要的环节,其制作方法是形成岩茶色、香、味及绿叶红镶边优良品质的关键。做青的过程十分讲究,其费时长,要求高,操作细致,变化复杂。

做青过程中,青叶变化复杂,从散失水分、退青、走水、还阳、恢复弹性到香气产生、叶边缘变红,这些变化对时长及茶师傅的操作要求极高。

图 3-7　做青

1)做青的原则。做青的原则:重倒轻摇,轻倒重摇,多摇少做。摇动力度先轻厚重,次数先少后多,静放时间先短后长,发酵程度逐步加重。同时要根据气候、品种、茶青情况的不同,采取不同的做青手法,做到“看天做青、看青做青”。

2)做青的程度。做青的程度主要观察第二叶的变化程度:①叶脉透明则说明走水完成。②叶面黄绿色,叶缘朱砂红,叶片边缘变色部分较大,约占全叶面积的30%,称之“三红七绿”。③青气消散,散发出浓烈花香。④由于叶缘失水较多而收缩,叶形成汤匙状。⑤减重率为5%~8%,含水量为65%~68%。

3)做青的方法。做青分手工做青和机动做青。

茶青移入青间前,将茶青摇动数下后移入较密闭、温湿度较稳定的青间。静置不动,使鲜叶水分蒸发,约两小时进行第一次室内摇青,摇青次数为十余下,采用岩茶特有的摇青技术,让青叶在筛内旋转成螺旋状,上下转动,使其叶缘相互碰撞摩擦,细胞组织受伤,促进多酚类化合物氧化。之后将茶青稍稍收拢,放置在青架上,等待二次摇青。

第二次摇青时可见叶色变淡,将三筛并作两筛,再次进行摇青,第二次摇青时根据青叶情况会用到“做手”。做手的方式,即双手轻握茶青,轻轻对拍数十下,使青叶互碰,弥补摇动时碰撞力量不足,促进叶缘细胞破坏,之后轻轻翻动茶青,将其摊成窝状,随后静置两个小时,进行第三次摇青,方法与第二次摇青相同。摇青的次数依据青叶的变化情况适当增加或减少。

最后一次的摇青较为关键,因叶青经过数次摇动后,叶缘细胞已完全破坏,随着发酵程度的增加,青叶的红变面积增多,芳香物质被激发,由原来的青草香转化为清香,叶面凸起成龟背形,叶脉明亮,叶色黄绿,红边显现,此时可将茶青倒入大青弧,抖动匀实后即可进行下一步骤。

(3)炒青(图3-8)。炒青的主要目的是通过高热火势,逐步毁坏酶的活力,从而使发酵停止,同时通过热化学过程,逐步分解叶绿酸,从而使多酚类化合物被更加速地氧化,青气逐渐消失,新鲜的高溶解点芳香物质得以形成,新香味逐渐形成。在手工炒青时，比炒菜火力要大，炒锅发红时开始炒制。每锅大约一斤半茶青，翻炒时双手敏捷翻动，但在翻动时不可使茶青过度抖散，以免水分挥发过度，难以揉捻，1 分钟为宜，翻炒 40～50 秒时，若青叶上出现水点，且已细腻如棉，即可拔出揉捻。机械炒青法和普通绿茶的杀青法一样，有滚筒杀青法和单锅、双锅杀青法。

图 3-8　炒青

（4）揉捻。茶青取出后，趁热迅速放置于揉茶台上进行揉茶，来回推揉，至汁水足量流出后，将茶卷成条形，香味浓重时，即可解块抖松。然后再将两份茶青并入锅中复炒，复炒温度较初炒时低，时间也比初炒短，仅翻转数下，取出再揉，揉茶时间也比初揉短，双炒双揉后将茶团抖开防止粘连。

复炒可弥补第一次炒青的不足，通过再加热促进岩茶香、味、韵的形成和持久；复揉使毛茶条索更加紧结美观。双炒双揉是形成大红袍独特的“蜻蜓头”“田螺尾”“蛙皮状”“三节色”特点的独特技艺。

(5)初焙(图3-9)。青叶经双炒双揉后,进行烘焙,俗称"走水焙",焙茶工将茶青均匀摊至在篾制焙笼中,前后翻拌,按照温度从高向低的焙窟顺序后移,直至下焙。岩茶初焙,是为了抑制继续发酵,固定品质,要求在高温下快速烘焙,以提高滋味甘醇度,激发香气,避免焖蒸,最大程度地保留茶叶中的芳香油等物质。

图3-9 初焙

(6)扬簸(图3-10)。茶叶初焙后倒入簸箕弧内,叶片此时呈半干状态,用簸箕扬去碎片、茶末和其他夹杂物,扬簸在烘焙房内进行,簸过的叶片均匀摊入水筛中,将几焙拼成一水筛,厚度约两寸。然后移出焙房外,至于庇荫处的摊青架上晾索。

图3-10 杨簸

(7)晾索。晾索的目的一是避免焙后的茶叶积压发热导致茶叶发酵变质,二是避免受热过久，茶香丧失，同时晾索也可使茶叶在初焙中产生的物质附于叶表使其有油润之感。茶青应翌日再进行挑拣。

(8)复焙(图3-11)。复焙俗称足火，复焙的目的是将挑拣后的茶叶焙至所要求的程度，防止霉变，减少苦涩味，提高茶叶的口感，复焙的水温可较初焙前稍低。

图3-11　复焙

做法：将挑拣后的茶，置于焙笼中，每笼约两斤，将其铺摊在焙笼中，并加以烘烤。所需火温以手背贴之，感到有烫热感为宜。焙烤中要根据茶叶情况进行翻焙。三次翻茶后，手捻之，茶即成末，表示茶叶已足干了。茶叶在足干的基础上，进行文火慢焙，促进茶叶内部的转化，进一步提高茶的香和味。

（9）成品毛茶（图 3-12）。

（10）成品毛茶三道火。

（11）装箱（图 3-13）。将茶叶放入茶箱，再置于较干燥的房间内，待制茶完毕，挑运下山后，交由茶庄加工（精制）。

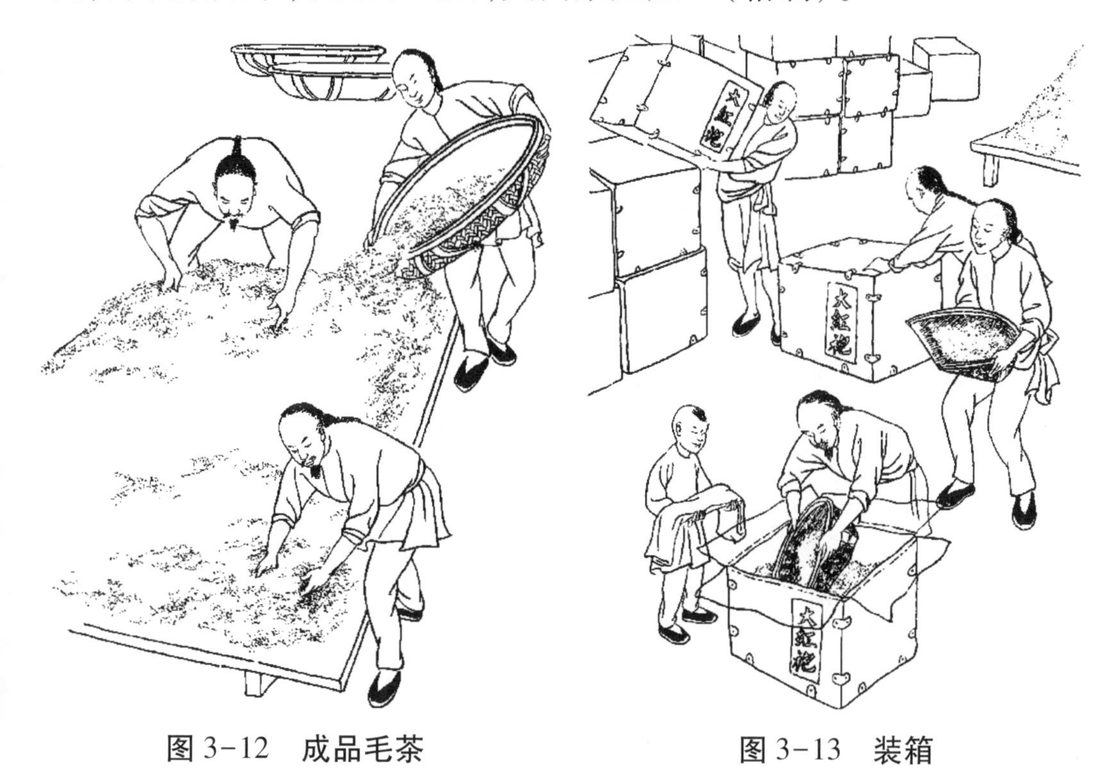

图 3-12　成品毛茶　　　　图 3-13　装箱

（二）武夷肉桂

1. 武夷肉桂溯源

武夷肉桂（图 3-14）原为武夷岩茶花名，为武夷名枞之一，原产于武夷山惠苑岩、马枕峰，因其品质优良，20 世纪末期由武夷山茶农大力推广种植，现已成为武夷岩茶不可或缺的品种。

图 3-14　武夷肉桂

2. 武夷肉桂的产地及简介

肉桂茶树属于无性系;灌木型,中叶类,晚生种。树形半开披展,稍直立,枝条向上伸展,叶片呈椭圆形尖端顿、基部渐斜或稍钝,叶缘略向面上卷,较光滑,叶肉质厚较软,侧脉细而明显。一般在5月上旬开采,成品的武夷肉桂外形条索紧结匀整,色泽青褐鲜润。肉桂又称“玉桂”,其茶具有桂皮味、辛辣味等明显特征。众多正岩肉桂中以三坑两涧中的肉桂为佳,三坑两涧中的肉桂又以牛栏坑肉桂、马头岩肉桂、慧苑坑肉桂为极品。

3. 武夷肉桂的传说

清代末期有一位才子叫蒋蘅,才高八斗,极善品茗。一年初夏,武夷山蟠龙岩岩主研制出一款蟠龙岩茶,香味独特,听闻蒋衡之才名,特请蒋蘅和众位岩主前去品尝。蒋蘅接过茶盅,就闻到一股岩香扑鼻而来,轻咽一口,顿觉滋味醇厚,口有余香,脱口便道:“好茶,品质不凡。”蟠龙岩主闻言叹道:“先生果然名不虚传,识茶如神,此茶即与先生有缘,便请您为它赐名吧!”蒋蘅略加思索,道:“此茶非同凡响,香气霸烈,应以品质香气命名,我看就叫肉桂吧!”从此,肉桂名扬天下。

4. 武夷肉桂的制作工艺

(1)采摘。武夷肉桂每年4月中旬茶芽萌发,5月上旬开采岩茶,在一般情况下,每年只采一季,以春茶为主。须选择晴天采茶,俟新梢伸育,成驻芽,顶叶中开面时,采摘二三叶,俗称“开面采”。驻芽中开面3~4叶采摘。根据肉桂品种营养生长较强、驻芽新梢形成较慢的特性，为了及时采摘，前期少量采小开面，中期大量采中开面，后期少量采大开面。采摘时间一般在上午 10 时至下午 3 时，以晴天午后 3 时采摘当天完成晒青，制茶质量最好。

肉桂与岩茶制作工艺类似，但在同样的制作工艺下，肉桂受山场环境影响而呈现出不同的特征，生长在光照较少环境中的茶树，香气相对较为清幽，大部分呈花香，有清凉感，辛辣感较弱。反之则香气高扬，果香浓郁，收敛感强。

（2）晒青。晒青以均匀薄摊为原则，具体时间及程度则看青而定，以叶面光泽消失，叶质柔软，顶二叶下垂（或一叶下垂），青气消失，减重 8%~10%为度。随即移入青间摊晾 0.5~1 小时，目的是散发热气，使叶肉、叶脉间水分分布均衡。

（3）做青（摇青及晾青）。做青是决定肉桂品质的关键工序。做青的环境温度为 20 ℃~25 ℃，相对湿度约 70%，保持新鲜空气，做青既按“看青做青”和“看天做青”的武夷传统方法，又按肉桂茶青叶的特点，多次摇青（5~8 次），每次摇青次数由少到多，依次递增；摊叶厚度，依次拼筛加厚，使香气缓慢而充分地发展。晾青时间（即每两次摇青之间的相隔时间）先短后长。具体时间及程度依靠手、鼻、眼感官综合观察，标准为青叶手握如绵的弹性感，鼻闻青气消失，由清香转花果香，眼看红边程度三红七绿，整个过程需 8~10 小时。

（4）杀青和揉捻。做青结束后投入杀青，要求最后一次摇青后 40 分钟内进行杀青，不宜堆放过久，以免堆叶发热引起发酵过度，锅底温度以 50 ℃为宜，杀青程度掌握以香气显露、折梗不断为准，此时乘热揉捻至叶片成条。

（5）烘干拣梗。分毛火、拣梗、足火三个步骤，毛火温度约 130 ℃，时间 1～15 分钟，毛火后拣梗。足火温度约 90 ℃，烘焙至茶叶含水量 6%～7%，即成毛茶。

（6）复火（炖火）。足火后的毛茶是否需要复火，要视情况而定，如广东潮汕和山东、北京部分地区，要求成品茶火功较足，毛茶须进行一道或两道复火（俗称炖火），第一次炖火 80 ℃～90 ℃，6 小时；特殊要求情况下，于第一次炖火后半个月进行第二次炖火，火温 70 ℃～80 ℃，7～8 小时，烘至茶叶含水量约 5%。炖火后的成品茶具有焦糖香和耐冲泡的特点，但足火所产生的香味型物质，经炖火后则会消失。

（三）武夷水仙

1. 武夷水仙溯源

武夷岩茶的两大名种之一，水仙茶树品种较之肉桂占比较大，好的水仙茶汤入口虽不如肉桂“霸气”，但它的汤水清和细腻，足以化解火气，水仙茶悠然的兰香更博得众多文人雅客的追捧。（图 3-15）

图 3-15　武夷水仙

2. 武夷水仙的产地及简介

武夷水仙产自武夷山，武夷山是中国乌龙茶的发源地，也是晋商万里茶路的起始地，武夷水仙香气悠然，汤色橙黄、香如兰花、滋味醇厚回甘。武夷水仙茶是美容茶与健康茶，具有降脂养胃的功效。值得一提的是，由于高香型大红袍存放时间久后香气渐失，而又没有水仙茶的醇厚，所以陈年大红袍基本以陈年水仙为主。

3. 水仙的传说

传说一：据闻唐乾符年间建州刺史李频部下曹松，曹松此人善饮茶，因屡试不第仕途无望，常年游走于福建、广州一带，晚年在西樵山黄旗峰黄龙洞隐居，并在当地种植早年在建州收集的茶籽，把建州种茶、制茶技术授予乡人，乡人为感念其恩德，每至冬时，就到溪边敲凿冰块，煮茶欢聚，曹松叹曰："悠悠兰香，似腾云遨游于天，饮其茶，感为仙人矣。"渐渐地，当地人便称此茶为"水仙"，"水仙茶"名称一直沿用至今。

传说二：清康熙年间，建瓯禾义里大湖茶农苏氏，到邻村祝桃村后门岩叉山（海拔 689 米）砍柴，在山顶祝桃仙洞口发现一株茶树，折一枝插在竹笠上，回家后便在旧土墙脚旁插植成活。第二年旧墙倒塌，茶树从被压倒扭伤处长出新苗，苏氏悟出长条扦插和压条繁殖茶苗的方法，此后便以压条法繁殖了一批茶苗并移栽，再以制乌龙茶工艺采制，香味奇特，品质优于其他品种。因闽南话"漂亮"发音与"水"音相似，因此将这从美丽的仙山采得的茶，取名为水仙茶。至今岩叉山上仍有"棋盘石""祝仙洞""岩叉庵"的遗迹留存。

据《福建之茶》记载:“岩叉山的祝桃仙洞下有树,花白,类茶而大,苏姓农夫偶折一枝,觉叶溢清芳,试以乌龙茶法制之,竟香洌甘美,遂将其移植西乾家前,命名曰祝仙以纪念其来源,以‘水仙’同音,遂讹为今之水仙。”大家仿效瓯宁(今建瓯)人插枝种树的办法,水仙茶很快就繁殖开来,长得满山遍野都是,从此水仙茶成为名品而传播四方。

4. 武夷水仙的制作工艺

王草堂(记载岩茶制作技艺第一人)在《茶说》中最早记载了武夷岩茶加工工艺:“茶采后,以竹筐(筛)匀铺,架于通风处,名曰晒青,俟其青色渐收,而后再加炒焙独武夷炒焙兼施,烹出之时,半青半红,青乃炒色,红乃熔色也。”

“茶采而摊,摊而摝,香味越发即炒,过期不及,皆不能既炒既焙,复拣去其内老叶枝蒂,使之一色。”清康熙年间,武夷岩茶(含水仙)手工制作工艺逐渐形成规范,最终发展成为完善、复杂、技能高超的乌龙茶制茶工艺。此外,清代陆廷灿(曾任崇安知县,今上海嘉定区人),其所著的《续茶经》中记载了一整套优良传统工艺,“水仙茶”独特的色、香、味、形品质,除得之天然山川深淑之气外,主要是辅以人力之精良制法。

武夷水仙传统工艺(分初制与精制)之初制:萎凋(两晾、两晒)→做青(摇青、做手、静置)→杀青→揉捻→复炒→复揉→初焙→扬簸→晾索→拣别→复焙(足火)→团包→补火,共 13 道工序,现代使用制茶机机械化加工省去了许多步骤,主要为萎凋、做青、杀青、揉捻、干燥(毛火、足火)5 道工序,武夷水仙茶制作工艺实践性非常强,必须长期实践才能积累制作优质茶的经验。

(1)采摘。鲜叶采摘俗称“开山”,好品质从采摘开始,据记载:“春茶约在谷雨前后,夏茶在夏至前后,秋茶在立秋前后。此外,还有少量冬片,在寒露前后。宜分 3~4 次采摘,因地有肥瘦,气候不齐故耳。”目前,武夷水仙茶一般一年采摘 1 次,从 4 月下旬至 5 月中旬。鲜叶通常于上午 9 时叶面露水干后至下午 5 时之前进行采摘,尤以天晴上午青为优。水仙鲜叶原料以中开面一芽三叶为佳,据试验对比:小开面开采的成茶香低味涩,大开面开采的吃水淡薄。采摘应严加管理,应轻收轻放,速运,薄摊,通风,防止损伤劣变。依不同采摘时间,树龄,早晚青,雨水青,分别摊放管理。

(2)萎凋(晒青、晾青)。茶农称萎凋为“倒青”,通过晾晒,鲜叶呈现萎蔫状态的过程称为萎凋,萎凋是武夷岩茶制作的重要工序,是优良品质形成的基础。萎凋青叶温度以 35 ℃左右为宜。萎凋的相对湿度最高不超过 85%,水仙品种叶形大,叶质厚,芽叶含水量较多。晒青减重率为 14%~16%,以叶态变软、叶片伏贴、叶面失去光泽、叶色较暗、青臭气消退、发生清香为适度。

(3)做青。做青分为摇青和静置,在摇青和静置相互交替的过程中,使茶青在适宜的温度、湿度的环境中氧化、发酵。摇青是做青的关键步骤,青叶在水筛上不停旋转、碰撞的过程,使得叶缘部分受损,内部汁液流出、氧化,青叶转色、发酵形成我们常说的“绿叶红镶边”。同时,摇青的过程也能促使茶香形成。静置时间的长短决定着水分散发程度及青叶发酵程度。

(4)杀青。杀青的目的是散失水分及青草气,杀青时要求高温、快速终止萎凋叶发酵、钝化叶内酶促反应、增进滋味纯化香气,形成水仙茶特有的品质。杀青时炒锅温度较高,有经验的炒茶师傅会依据炒锅的变色程度投放青叶,白天锅壁泛白,夜间锅壁稍红即可炒制,炒制的时间则根据叶量及青叶的含水量进行调整。

(5)揉捻。揉捻是形成水仙茶外形和影响茶叶制率的主要因素。古书记载:“揉茶,初用轻手,揉挪至将成条搓条之时,方可重手揉之,总以个个有条,能起螺头为最妙。”杀青叶趁热快揉少握闷,按照轻压→重压→轻压的原则调节,如此重复3次(俗称三紧三松),视青叶老嫩度不同适当调整压力,原则上以不产生碎末为宜,至条索紧结,卷曲率达90%以上即可。

(6)烘干。通过热化学作用,发展色、香、味品质。古书记载:“初时宜用烈火,乃不至走味,候叶干枝软起焙,以三焙或四焙作一筛,撒至架上,以去苦水、火气,宜候至6时后,方可复焙。传统加工须于‘水焙’后拣净枝头,然后下焙。”

武夷水仙制作工艺,以综合闽北、闽南的传统工艺“中晒中摇”为特色;其成茶品质稳定,具有闽南制法的清香而又具有闽北制法的醇厚。

三、广东乌龙(广东凤凰单枞)

1. 凤凰单枞溯源

凤凰单枞(图3-16,水仙茶)又名广东水仙、潮安水仙,古称“�(鸟)嘴茶”或“待诏茶”,是凤凰茶中的极品,始创于宋代。单枞茶是在凤凰水仙群体品种中选择、培育优良单株茶树,采摘、加工而成,因分株单采单制,故称“单枞”。凤凰单枞的采制均有严格的要求,如采摘标准为一芽二三叶,并且强烈日光时不采、雨天不采、雾水茶不采。一般午后开采,当晚加工,制茶均在夜间进行,历时10个小时制成成品茶。

图3-16　凤凰单枞

2. 凤凰单枞的产地及简介

凤凰山茶区位于产安县东北部,该地濒临东海,气候温暖湿润,雨水充足,茶树均生长于海拔1000米以上的山区,终年云雾弥漫,空气湿润,昼夜温差大,年均气温在20 ℃左右,年降水量1800毫米左右,土壤肥沃深厚,含有丰富的有机物质和多种微量元素,有利于茶树的生长,更易形成茶多酚和芳香物质。凤凰山茶农富有选种种植经验,现在尚存的3000余株单枞大茶树,树龄均在百年以上，性状奇特、品质优良，单株高大如榕，每株年产干茶10余千克。据闻宋种1号茶树就种在乌崇山中心岩草棚地，该树未枯死前有十个分枝，所产干茶量（春茶）足有11千克，且品质极佳，每年除夕，茶农便在茶树上绑上红绸，表示其珍贵。

3. 凤凰单枞的传说

清康熙四十四年，饶平县令郭于蕃巡视凤凰山，发现乡人面黄肌瘦，详细了解后发现除正常的口粮外村民们家中少有余粮，多数年轻劳力外出谋生，只剩下老弱妇孺，郭县令望着漫山遍野的“鸟嘴茶”突生奇想，要是这些茶叶都能变成粮食，那我治下的百姓便能生活富足，吃饱穿暖了。经过多方打听，郭县令决定使人带着茶叶远赴西洋进行售卖，奴仆临行前说：“大人，这鸟嘴茶虽为名茶，但这名字没有气势啊，能否请大人为此茶取个别名，我们远走异乡也好让外邦人开开眼。”“此茶产自凤凰山，凤凰乃是瑞兽，这茶是为我乡民而生，便叫凤凰茶吧。”此后凤凰单枞远销海外，清光绪年间中印半岛、南洋群岛均开设茶店，凤凰单枞的名声也跟着享誉海外。

4. 凤凰单枞的制作工艺

（1）采摘。凤凰单枞的采摘十分考究，鲜叶要有一定的成熟度，采摘时按照一芽2~4叶的标准。单枞茶含有较多的类胡萝卜素，成熟的鲜叶会增加茶鲜甜的口感，若是采摘较嫩的茶叶，则内含物质不足，制成干茶后浸出物少，容易出现不耐泡、味清、色浅等问题。

（2）晒青。将采来的青叶利用日光萎凋的过程叫晒青。晒青的目的，是通过阳光照射，使茶青中一部分水分和青草气散发，增强茶多酚氧化酶的活性，促进茶青内含物及香气的变化，为后续做青的发酵过程创造条件。晒青最佳时间为下午 4~5 时，掌握晒青时间长短，应视叶张的厚薄、含水量多少、阳光强弱等因素来决定。在气温 25 ℃左右条件下，晒青时间 15~30 分钟。

（3）晾青。将晒青后的茶青连同水筛搬进室内晾青架上，放在阴凉通风透气的地方，使叶子散发热气，降低叶温，平衡调节叶内的水分，以恢复叶子的紧张状态，称为晾青。随着晾青时间增长，叶子又会呈萎凋状态，晾青要做到薄摊，一般青叶堆摊厚度不高于 3 厘米，如果堆摊过高，会造成叶温升高而致发酵加快。

（4）做青。做青是事关香气形成的关键工序，关系着成茶香气的鲜爽高低，滋味的浓郁淡薄。做青是由碰青、摇青、静置三个过程往返交替数次进行的。在整个做青过程中要密切关注青叶回青、发酵吐香、红边状况，结合当天温湿度气候，看茶做青。做青间要求室温 20 ℃左右，相对湿度以 80%为宜。

（5）杀青。杀青，也叫炒青。杀青的目的，是用高温抑制做青叶的酶促氧化，控制茶叶色、香、味的形成。用口径 70~76 厘米的平锅或斜锅，锅温掌握在 100 ℃左右，青叶投入锅时，发出均匀的响声。每锅投叶量 1.5~2 千克，通过均匀翻动，开始以扬炒让其青臭味挥发，以后转为闷炒，防止水分蒸发太多。炒至叶色渐变浅绿，略呈黄色，叶面完全失去光泽，无青臭气味，气味变成微花香，即为杀青适度。

(6)揉捻。揉捻的目的是使茶条成形,外形美观,使叶细胞破碎,茶叶内含物渗出黏附于叶面,经过生化作用,使茶叶色泽油润,滋味浓醇、汤色艳亮、耐冲泡。

(7)烘焙。凤凰单丛茶烘焙方法分为初烘、摊凉、复烘3个阶段。其目的是蒸发叶内多余水分,促使叶内含物起到热化、构香作用,增进和固定品质,以利贮藏。

1)初烘:将揉捻叶置于烘笼内进行第一次初焙,温度掌握在110 ℃~130 ℃,时间根据青叶湿度控制在20~40分钟,中间要进行翻拌,翻拌要及时、均匀,摊放厚度不能高于1厘米,烘至六成干则可起焙摊晾。

2)摊晾:1小时,摊凉厚度不能高于6厘米,待初烘茶叶凉透,梗叶水分分布均匀为适度。

3)复烘:将初烘叶进行第二次复焙,火温掌握在80 ℃~100 ℃左右,摊放厚度不能高于6厘米,烘至八成干则可起焙摊晾。

四、台湾乌龙

(一)文山包种茶

1. 文山包种茶溯源

包种茶名的由来,可以追溯到一百多年前,为福建泉州府安溪县人王义程先生所创,他运用武夷岩茶采制技术制作了包种茶。包种茶采制完成后用两张方形毛边纸,内外相衬,放入茶叶四两,包成长方形四方包,包外盖有茶叶名称、行号及商标按包装出售因此得名。他又根据采制方法和产地，主要分为“文山包种”“龙泉茶”“松柏长青茶”“冻顶茶”“高山乌龙茶”等。而“文山包种”则成为台湾北部茶类的代表。

2. 文山包种茶的产地及简介

包种茶，产于台湾省台北、宜兰、桃园、新竹、苗栗、嘉义、南投、花莲、台东、屏东等县市的轻度至中度发酵茶，也就是发酵10%～50%的青茶类。包种茶按成茶外形分为以“文山包种茶”为代表的条形包种茶和以“冻顶茶”为代表的半球形包种茶。“文山包种茶”（图3-17）采摘青心乌龙等优良品种，经晾晒、晾青、杀青、轻揉捻、烘干、精制而成。包种茶成茶外形自然卷曲，呈条索状，色泽深绿。冲泡包种茶后汤色金黄，具有清新花香，滋味醇爽，有花果香，以天然花香著称。包种茶主销中国台湾、港澳地区，外销日本及东南亚各国。

图3-17　文山包种茶

3. 文山包种茶的传说

清朝时期，福建省台湾府每年要向宫廷进贡茶叶，内务府到茶商家中探查，暗访两日后，招集茶商进行询问：“本官听闻台湾府所产的茶，茶香泗溢，香味独特，为之佳品，为何你们上贡的包种茶没有你们当地茶香味足？你们这属于欺君之罪！”茶商们连忙解释：“实属路途过于遥远，茶送进京后又经过层层审批，时间一长茶就失去了部分香气。”官员听后颇为理解，却也告诉茶商：“不管你们想尽什么办法，送进京的茶要同在当地喝的香气一样”。苦思冥想后，一位茶商道：“不如我们将茶叶分成小饼，用上好的宣纸进行包裹，防止茶香外泄。”众人听后十分赞同，后光绪帝为这种茶赐名“文山包种”。

4. 文山包种茶的制作工艺

文山包种茶的采制工艺：雨天不采，带露不采，晴天要在上午11时至下午3时之间采摘，春秋两季要求采二叶一心的茶青，采时需用双手弹力平断茶叶，断口成圆形，不可用力挤压断口，如挤压出汁随即发酵，茶梗变红影响茶质。制作工艺分初、精两步。初制包括日光萎凋、室内萎凋、搅拌、杀青、揉捻、解块、烘干等工序，以翻动做青为关键。每隔一至二小时翻动一次，一般须翻动四五次，以达到发香的目的。精制以烘焙为主要工序。

（二）冻顶乌龙

1. 冻顶乌龙的产地及简介

台湾最出名的茶当属乌龙茶，为半发酵茶。台湾乌龙茶最出名的就是冻顶乌龙（图3-18），冻顶乌龙产于南投县鹿谷乡冻顶山，海拔1000米左右，茶区空气湿度大，终年云雾笼罩。冻顶乌龙

图3-18　冻顶乌龙

被誉为台湾茶的“茶中之圣”，主产于台湾省的南投鹿谷乡，它的鲜叶是采自茶树品种青心乌龙。它以冻顶山为名，乌龙茶是茶叶品种的名字。冻顶乌龙干茶呈墨绿色，带有青蛙皮一样的灰白点，条索弯曲紧结，有高扬芳香；冲泡过后，汤色橙黄透亮，有明显的桂花清香，滋味醇厚顺滑，回甘明显。叶底有红边，叶中部有明显的淡绿色。

2. 冻顶乌龙的传说

相传有一位祖籍福建的台湾才子林凤池，欲前往福建参加科举考试，奈何家徒四壁，难以凑齐路费。乡亲们听闻便纷纷前来捐款，愿其金榜题名、光宗耀祖。

林凤池终于不负众望，考中了举人。多年后，林凤池回到台湾。此时他记起当年自己考试临行前，台湾的乡亲们嘱咐他向福建的老乡亲们问好，并表达的一番思念之情。林凤池为解台湾乡亲的乡愁就为他们带回去36棵乌龙茶苗。而这36棵茶树苗就种于南投县鹿谷乡冻顶山上，后经悉心培植，长成为一片茶园。

后林凤池将从这些茶树上采摘下来的茶叶献于道光皇帝，道光皇帝饮后赞不绝口，自此冻顶山上的乌龙茶声名鹊起，名为“冻顶茶”。台湾所产的乌龙茶之后也被称为“冻顶乌龙”。

3. 冻顶乌龙的制作工艺

冻顶乌龙茶的采制工艺非常讲究，它的鲜叶是由青心乌龙茶等多种品种的芽叶，经过晒凉摇青以及炒青、揉捻、初烘、多次反复团揉（包揉）、复烘、焙火而制成。

冻顶乌龙茶的制作过程主要包括初制和精制两大工序。初制时做青是主要的程序，做青经过了轻度的发酵，把采下的茶青日晒20~30分钟，让茶青得到软化，茶叶中的水分得到适度的蒸发，这样有会有利于揉捻时更好地保护茶芽的完整度。在萎凋时应当经常翻动，让茶青更充分地吸氧，从而产生发酵的作用，等到发酵到产生了清香的味道后，再开始高温杀青。随后开始整形，让条状成为半球形状，随后使用风选机把粗、细、片完全分开，再依次放入烘焙机进行高温烘焙，从而减少茶叶咖啡因的含量。

老式的冻顶乌龙制作方法风格独特，香气厚重、喉韵明显；新式的冻顶乌龙茶融入了“半包种”的方法，香气发散快，别有一番风味。

五、乌龙茶的冲泡

（一）冲泡茶叶——铁观音

1. 冲泡用具

紫砂壶一个；提梁茶壶一个；湿泡台一个；茶拨一只；茶道六君子一套；茶荷一个；茶巾一条；茶洗一个；铁观音6~8克；品茗杯、闻香杯各4个。

2. 冲泡流程

第一步：备具。（图3-19）

（1）紫砂壶放于茶盘下方中间位置，闻香杯放于茶盘左上方，品茗杯放于右上方，茶洗、提梁壶放于茶盘右侧，茶荷、茶道六君子放于茶盘右侧。

(2)茶巾备好。

图 3-19　备具

第二步：行礼。(图 3-20)

双手交叉放于茶巾之上，在座位上躬身 15°向客人行礼。

图 3-20　行礼

第三步:赏茶。(图 3-21)

双手拿起茶荷,送至客人面前,请客人欣赏干茶的成色,嗅闻干茶香气,并作简单的介绍。

图 3-21　赏茶

第四步:温壶。(图 3-22)

(1)将壶盖打开放在品茗杯上,注入热水。

(2)盖上壶盖,转动壶身进行清洗,将水倒入茶洗。

图 3-22　温壶

第五步:投茶。(图 3-23)

用茶匙将茶荷里的茶叶投放到紫砂壶中。

图 3-23　投茶

第六步:摇香。(图 3-24)

摇动置有干茶的紫砂壶,通过壶的温度唤醒茶叶的香气,入茶及合盖要迅速,避免壶的温度降低。

图 3-24　摇香

第七步:温润泡。(图 3-25)

(1)往紫砂壶中高冲注水,水要注满,壶盖严,壶口打圈,刮去浮沫,盖上壶盖。

(2)右手持壶将茶水从左依次注入闻香杯和品茗杯中。

图 3-25　温润泡

第八步:壶中续水冲泡。(图 3-26)

用高冲水的手法冲泡,注意水不要溢出来。

图 3-26　续水冲泡

第九步:温杯。(图 3-27)

(1)双手同时拿取两只闻香杯,将杯中水倒入茶洗中,重复动作。

(2)双手同时拿取两只品茗杯,将杯中水倒入茶洗中,重复动作。

图 3-27 温杯

第十步:倒茶分茶(关公巡城、韩信点兵)。(图 3-28、图 3-29)

(1)右旋持杯将茶水分别巡回均匀地低斟入各闻香杯内,此过程为关公巡城,又称观音出海。

(2)先斟茶至杯底水较浓部分,用右手食指按住吻突,水均匀地一点一点滴在闻香杯里,达到浓淡均匀,香醇一致,该动作称为韩信点兵,又称点水留香。

(3)双手拿取品茗杯倒扣置闻香杯上,双手食指、中指托起闻香杯,拇指按于品茗杯底部,合力将两杯向内侧进行翻转,重复动作。

图 3-28　分茶

图 3-29　倒茶

第十一步:品饮。

(1)双手拿起双杯,右手提起闻香杯缓慢向上,双杯分离。

(2)先取闻香杯,送至鼻端闻香,再取品茗杯进行品饮。

第十二步:收具。(图 3-30)

结束时,热情地向客人行礼道别,撤茶具。

图 3-30 收具

3. 冲泡注意事项

(1)乌龙茶通常使用高温高冲的方法,这样可以更好地激发茶香。

(2)乌龙茶冲泡时茶水比一般为1∶15。

(3)使用紫砂壶冲泡时,温壶程序不可少,既可净壶去味,又可暖壶。

(二)冲泡茶叶——大红袍

1. 冲泡用具

盖碗一个(150 毫升);公道杯一个(150 毫升);品茗杯 3 个;茶拨一只;茶荷一个;提梁壶一个;茶巾一条;水盂一个;茶叶准备 6~8 克大红袍。

2. 冲泡流程

第一步:备具。(图 3-31)

把茶具按照图片的顺序摆放。

图 3-31 备具

第二步:行礼。(图 3-32)

双手交叉放于茶巾之上,在座位上躬身 15 度向客人行礼。

图 3-32 行礼

第三步:赏茶。(图 3-33)

双手托茶荷,手臂放松呈弧形,向客人展示干茶。

图 3-33　赏茶

第四步：翻杯。（图 3-34）

双手交叉，拿起倒扣的品茗杯，把品茗杯的杯口向上放置于杯托之上。按照中间、左边、右边的顺序依次进行。

图 3-34　翻杯

第五步：温杯洁具。（图 3-35）

（1）右手揭开碗盖，插于碗托与碗身之间或放于盖置之上。

(2)提壶注水至碗身1/3处,将盖碗放回原处。

(3)盖上盖子,转动盖碗进行清洗,将水倒入公杯,再倒入品茗杯中,双手拿起品茗杯,转动杯身进行清洗,仍然按照中间、左边、右边的顺序依次进行。

图3-35　温杯洁具

第六步:投茶。(图3-36)

用茶匙将茶荷里的茶叶投入盖碗中。

图3-36　投茶

第七步:摇香。(图 3-37)

摇动置有干茶的盖碗,通过盖碗的温度唤醒茶叶的香气,入茶及合盖要迅速,避免盖碗的温度降低。

图 3-37 摇香

第八步:洗茶。(图 3-38)

提起水壶转动手腕注水至 1/4 碗,快速拿起盖碗,把水倒入水盂。

图 3-38 洗茶

第九步:注水。(图 3-39)

提起水壶把水注入盖碗,水量控制在盖碗七分满的位置。

图 3-39　注水

第十步:出汤。(图 3-40)

(1)将盖碗中的茶汤倒入公道杯中。

(2)将茶汤由公道杯分别注入品茗杯,斟七分满。

图 3-40　出汤

第十一步：敬茶。（图3-41）

双手拿起中间的品茗杯，同时在座位上躬身15度，向客人敬茶。带着一颗恭敬的心，真诚亲善地请大家用茶。

图3-41　敬茶

3. 注意事项

（1）冲泡大红袍时出汤时间宜控制在5~10秒，后面每泡延长5~10秒的浸泡时间，闷泡的时间不要过长。

（2）注水时不能把水浇到茶叶上。

第三节　秋季养生茶饮

秋季燥热，中医学指出，燥邪伤人，易耗津液。所以秋季的保健宜以防燥、养阴润肺为先。在此介绍三叶润燥茶，来“吃”掉燥气。

三叶润燥茶的制作方法：鼠鞭草叶15克，桑叶、枇杷叶、麦冬三种材料各15克，桔梗6克，甘草5克，用适量水煎制，每天一次。

另外,丹参叶可生津平焦;桑叶对喉部干燥无痰者会有很好的效果;枇杷叶也可以止呕降逆,麦冬既可生津养阴,又能清心润肺;甘草则具有平肝风降毒之作用;而桔梗则对咽喉肿痛,亦有较好的效果。长期坚持服食,也有着养阴清肺的作用,可减轻因秋季燥所致的干咳、鼻咽干痛等。

还需注意,丹参叶多用作身体衰弱者,而体力强健并且有实热现象如大汗、干渴等的患者则不能服用。另外,高血压、失眠病人都不推荐使用。

此外,用药期间不要饮用任何茶水,以免影响疗效;要尽量少食用热性的食物。平时多吃白色食物,如银耳、梨等,可饮用生津润燥、滋阴养肺的汤粥,如银耳雪梨粥等。

一、党参桔梗健脾祛痰茶

准备材料:党参、桔梗、百合、茯苓各10克,白术5克。

制作方法:将以上五味茶材一起置于茶壶中,再加少许沸水冲泡。盖上杯盖,闷泡30分钟后,代茶喝。

二、枇杷桑叶润燥茶

准备材料:枇杷叶、桑叶各5克,菊花10克。

制作方法:把以上三种材料一起制作成粉末,合并放入杯中,用少许煮沸泡茶。把杯盖盖上,闷泡30分钟后,代茶喝。

功效:清肺润燥,散风清热。适宜于由秋燥犯肺所致的发热、咳嗽等症。

冬季篇

中宵茶鼎沸时惊，正是寒窗竹雪明

第一节　冬季饮茶特点

《黄帝内经》四气调神大论篇中写道：冬三月，此谓闭藏。水冰地坼，无扰乎阳，早卧晚起，必待日光，使志若伏若匿，若有私意，若已有得，去寒就温，无泄皮肤，使气亟夺，此冬气之应，养藏之道也。逆之则伤肾，春为痿厥，奉生者少。

古人认为太阳射到地球表面的光和热就是阳；地球表面的光和热已经过去，和未来的光热之间就是阴。阳的特点是动，阴的特点是静。冬天大自然的阳气藏于地下。古人观察大自然，发现植物的叶子从秋天开始掉落，冬天植物只剩下枝干，植物把阳气潜藏在自己的根部来抵御严寒，以便来年能够更好地生根发芽。我们的老祖先，从这种现象想到了人体本身。在寒冷的冬天，人体的阳气潜藏在肾中。所以《黄帝内经》中提到，让我们早睡晚起，早上不要起床太早，要等到太阳出来，这样可以很好地保护人体的阳气。冬天不能过度地出汗，这叫无泄皮肤。冬天不适合剧烈运动，那种运动过后大汗淋漓的情况不能在冬天出现，这样会扰动我们潜藏在肾中的阳气。

中医认为，老年人普遍身体阳气不足。老人不适合剧烈运动，适合做一些中国传统的保健气功，比如太极拳、八段锦。中医说动能生阳，适当的运动可以帮助人体补充阳气；坚持做艾灸可以帮助体寒的老年人补充阳气；喝暖性的茶，也可以补充身体的阳气。与绿茶、白茶不同，制作红茶和黑茶有一种工艺，叫作发酵，茶性由寒性转为温性，更增加了其养生保健功效。胃比较寒的人喝了绿茶，胃部会感觉胀气，反酸，消化不良，但是喝红茶与黑茶，能有效减小茶的寒性和对胃的刺激。

通过喝茶来养生，首先一定要明白自己的体质。大家在开始喝茶之前，可以先找中医咨询一下，分辨自己的体质是偏寒的还是偏热的。如果体质偏寒，怕冷，就适合喝暖性的茶；如果是身体比较壮实，或者是有实热病的人就可以喝一些寒性的茶。阴平阳秘、体质不热也不寒的人，各种茶都可以适量饮用。

一、立冬

立冬是二十四节气中第 19 个节气。立，开始也；冬，万物收藏也。立冬标志着冬季的开始，万事万物由此化收为藏，进入休养收藏状态。立冬的意思就是从秋天降下的阳热，开始沉于地下。无论是正常体质的人，还是体质虚寒的人，都可以通过喝红茶来达到暖脾暖胃的效果，利用其温热的特性，提升人体的中正之气，达到养生的目的。冬季喝红茶可以防治流行性感冒，抵御寒气。这个时节饮用滇红非常合适，滇红蜜香浓厚，风味甘醇，可以帮助人体抵御严寒，增强抵抗力。

二、大雪

大雪至，人间自此雪盛时。大雪节气与小雪的区别在于：小雪时，雪随下随融；大雪时，雪随下随积。大雪这个节气的特点是，阳热沉于地下越深，地上的积雪也越厚。看见了地上的雪厚，就知道地底下的阳气下沉得越深。古有“晚来天欲雪，能饮一杯无”，今有“寒夜客来茶当酒，竹炉汤沸火初红”。在这万物闭藏的季节，邀请志同道合的朋友喝茶聊天，看茶色品茶味，再看壶内茶烟升腾，这就是都市生活中最为幸福与休闲的时刻。普洱熟茶是冬季的必备饮品，因为人们在冬天油腻食物吃得较多，户外活动又少，普洱熟茶茶性温厚，对肠胃刺激性较小，具有降脂、减压、养胃和帮助消化的作用，最适宜于中老年人群。

三、冬至

冬至者，阳热降极而升，也就是说地下的阳热已经降到了最底端，冬至这一天过后，阳热就要一点点往上升了。冬至的节气特点是白昼最短，夜晚最长。冬至也就是冬天真正来临的意思。冬至之后气温仍持续下降,“数九寒天”即将来临,是温补的最佳时机。

冬至吃饺子的习俗在中国古代就有,水饺一开始被叫作“娇耳”,相传是由我国南阳的医圣张仲景创制的,距今已有一千八百余年的发展史了。名医张仲景见许多穷苦人民忍饥受寒,耳朵被冻得又红又肿,用自己的中药知识开出了“祛寒娇耳汤”的方子,患者食用了娇耳,喝了汤水之后浑身有发热的感觉,气血流畅,两耳感觉温暖,几天之后患者的烂耳就好了。医圣做好娇耳给病人吃,这件好事一直持续到大年三十。大年初一,民间为了庆贺新年,同样也是庆祝烂耳康复,便模仿娇耳的形态制作了一种食品,叫做“饺耳”或者“饺子”。现在我们冬至吃饺子,就是为了纪念张仲景。由于饺子难以消化,吃完饺子一小时以后,喝一泡广西六堡茶,不仅能帮助消化,还能调理肠胃,祛湿气。

第二节　红　茶

一、关于红茶

红茶是中国六大茶类之一,全发酵茶。红茶在制作过程中,茶叶的内部物质进行茶多酚酶促氧化,其内部组成、结构和性质发生了转化,形成了茶黄素、茶褐素等新型成分,90%以上的茶多酚被降解。发酵过程增加了很多芳香物质,使红茶具有了茶汤红色、滋味香甜的特点。

红茶一般根据产区、叶片大小、制法等有着不同的分级。以产区划定可分为滇红（云南省红茶）、川红（四川红茶）、祁红（祁门红茶）等；依照叶子大小划分为小叶种红茶（如正山小种）、中叶种红茶（如祁红）、大叶种红茶（如滇红）；按照制作方法可以分为小种红茶（如正山小种）、功夫红茶（如祁红）、红碎茶等三种。

一般来说，红茶主要包括小种红茶、工夫红茶、红碎茶三个大类。小种红茶可以分为正山小种与外山小种，均原产于福建武夷山区。工夫红茶是我国独特的红茶类型，较为有名的工夫红茶有安徽的祁门红茶，云南的滇红，福建省的闽红（政和工夫、坦洋工夫、白琳工夫），等等，红碎茶依据外形分包括末茶、碎茶、叶茶。

二、名优红茶分类

（一）正山小种

1. 正山小种的起源与简介

红茶的发祥地在中国，世界上最早的红茶品种出现在我国明朝时代福建武夷山，被称为“正山小种”（图 4-1）。正山小种属于条形红茶，成品茶外观条索粗壮紧直，密结匀整，不显芽毫，且茶叶颜色乌黑中带有褐色，看起来比较油

图 4-1　正山小种

润;汤色红艳鲜亮,香味芬芳浓烈;内质芳香而高长,富有特殊油松的香味;滋味香浓而和顺,富有桂圆汤味,叶底红匀而肥厚。

2. 正山小种的产地

地处我国东南部海岸的福建北部武夷山风景区是世界茶文化遗产地,自古以来就因为其特有的丹霞地貌而鼎鼎有名,又以出产茶树而声名显赫,有着茶树王国的美称。该地的平均海拔都在七百米以上,所以冬天暖夏天凉,白天与夜晚温差很大。正是这种天然气候条件和地理特征,为正山小种红茶的生产与制作提供了天时、地利、人和的自然条件。

武夷山的桐木村出产的红茶最具盛名,它是全球第一种红茶——正山小种的唯一原产区。桐木关下辖关坪、挂墩、麻粟、庙湾、江墩、三港、皮坑、古王坑、龙渡、七里等12个生产大队。制作正山小种的独门秘籍是大山深处的一种特殊的木材——油松,正山小种的松烟香就来源于此。

3. 正山小种的传说

相传明朝末年战争频发,曾有一批部队为了从江西进军福建,途经武夷山桐木关,并住在了位于星村的茶厂,而当时部队的到来正赶上采茶的时候,因茶厂内铺满了刚刚采下的新鲜茶叶,军人们看着遍地茶青,无处安睡,只好以茶青为床,睡在上面。在军人离去后,茶青因被压制和存放的时间过久,茶青就开始发酵变暗,于是焦急万分的茶农们赶紧用本地盛产的油松将已经发酵变暗的鲜叶烘干,在制作完成后将这种茶运回星村,以低价销售。第二年,有人找到这些茶农，要购买他们制作的去年的“次品”茶叶。第三年、第四年这些所谓“次品”茶叶的销量越来越大，桐木关已经无暇制作原来生产的绿茶，专门制作“次品”茶。这些生产量更大的“次品”就是如今驰名海内外的正山小种红茶，不过当时的桐木关茶农们并不知道，他们心中的“次品”竟然是英格兰女皇伊丽莎白的心爱饮品！

英国皇室在英国掀起了饮茶风潮。1662 年，葡萄牙国王的女儿凯瑟琳与当时的英格兰君主查理二世完婚。她带了精美的中国茶具和很多箱中国红茶作为陪嫁。据说在查理二世和凯瑟琳的婚宴上，一直有王公贵族举杯祝贺这位漂亮的王后，凯瑟琳每次都笑着高举她那盛有红亮液体的高脚杯，与人共饮。前来参与婚宴的法国王后好奇凯瑟琳的举动，并找机会想尝一尝这红艳明亮的液体，但凯瑟琳没有让她品尝。法国王后的好奇心没有得到满足，回到住处后就让她的侍卫潜伏在王宫，到处打探后知道凯瑟琳王后杯中的红色饮料就是中国红茶。凯瑟琳王后引领了当时英国上流社会饮用中国红茶的潮流，使饮茶之风成为时尚。

19 世纪中叶，红茶已经被凯瑟琳王后带到英国近两百年，下午茶对于英国人来说已经不可或缺。现在，英国人已经离不开茶，平均每人每年消耗六斤左右的茶叶。他们的社会文化和历史发展过程也与茶息息相关。

4. 正山小种的分类

正山小种按照制作过程分类，根据是否经过青楼烟熏，分为烟小种和无烟小种。烟小种有独特的松烟香，琥珀色，桂圆汤。随着油松越来越少，当地人也在不断减少烟小种的产量，但每年也会制作一些。无烟小种是经过后期改良而形成的，很多人不容易接受烟小种的烟熏味，无烟小种就此诞生。依据采集标准的不同，无烟小种可以分成小赤甘（一两叶的，条索比较小）和大赤甘（一芽三叶或四叶）。

武夷山以外，武夷山附近的其他产区出产的小种红茶，一般都被称为外山小种，主要包括政和、坦洋、屏南、北岭、古田等地方的人工小种红茶。

（二）祁门红茶

1. 祁门红茶的起源与简介

图 4-2　祁门红茶

祁红是祁门红茶的简称，制作祁红的原料是当地种植的中叶种茶树“祁门槠叶种”（又名祁门种）。祁红最早可溯源至唐代陆羽的《茶经》，后于光绪年间由安徽茶农创制。用“祁红特绝群芳最，清誉高香不二门”来形容祁红最为合适。祁门红茶（图 4-2）是红茶中的极品，香名远播，被称为“群芳最”“红茶皇后”。

祁门红茶，在唐朝就声名赫赫。据史学记录，此地在清代光绪之前，不制作红茶，而是制作绿茶，制法与六安绿茶相近，也曾有

“安绿”之称。光绪元年，黟县人余干臣被罢官，从福建返回老家经商，并创办茶庄制作红茶，祁门从此生产红茶，因其品质优异成了后起之秀，至今已经发展了一百余年。

1875 年前后，有一个叫胡元龙的祁门人，在培桂山房筹办了一家茶厂叫作日顺茶厂，用本地生产的茶青，请宁州师傅舒基立按宁红工夫红茶经验，试制了红茶。在 1915 年的巴拿马太平洋全球博览会上，祁红战胜了众多红茶，拿到了金奖。

2. 祁门红茶的产地

祁门红茶的主产区在安徽黄山市祁门县、东至、池州、石台，乃至中国江西省浮梁一带。种植祁门红茶茶树的地区，位于亚热带季风气候区内，温热湿润，降雨充沛，四季分明。春夏季节云雾缭绕，“晴时早晚遍地雾，阴雨成天满山云”，“云以山为体，山以云为衣”，而且由于山高林密构成了众多的小气候区域，因此大气环境良好，茶叶质量优异。再加上当地茶树的主要种类——槠叶种的内含物丰富，酶的活性较好，特别适宜于工夫红茶的生产。

3. 祁门红茶的分类

祁门红茶大致被分为四大类，祁红工夫茶、祁红香螺、祁红茅毛、祁红金针（俗称祁眉）。

（1）祁红工夫。传统工艺的祁红工夫是碎茶，将全部条索的截断成 0.6~0.8 厘米的直径，是截断，而非切碎。原因主要有两方面。一是在祁门红茶创制之初，当时主要是外销的，为了适应外地消费者的需要而把茶叶切断筛分；二是祁门红茶的整个生产过程，程序烦琐，制作过程中有切断筛分的工艺，所以碎本来就是祁门红茶的特色。祁红工夫茶曾荣获过两项国际大奖和多项全国大奖。从香味上来说，传统祁红工夫的香味比较醇厚丰富，是一个复杂而优美的香味特色，如花似果如蜜，在国际上叫作“祁门香”，而祁门工夫的重要外形特色就是形状细紧，颜色乌黑而油润，鲜嫩甜香，似蜜糖香，滋味浓而带甜；汤色红亮，叶底红匀细软。

（2）祁红香螺。祁红香螺，外观卷曲似螺，香气鲜甜，是新工艺的祁门红茶。发酵程度比传统的祁门工夫茶较轻，外形颜色乌润，金毫明显；汤色红艳鲜亮，甜香高长，滋味清甜，叶底红而透亮。这与传统的似花似果似蜜的经典“祁门香”的风格不同，我们可以称之为“新派祁门香”，滋味上少了工夫红茶的醇厚，但更显清甜。

（3）祁红毛峰。祁红毛峰的制作与传统工艺与黄山毛峰相似，在杀青后用其自由形状发酵，不精制，不用手工做型，直接烘干。祁红毛峰条索紧结弯曲露毫，显锋苗，干茶颜色乌润，匀整；香味鲜嫩度高，汤色红而透明光亮，滋味新鲜甜醇，叶底红色深浅一致。

（4）祁红金针。祁红金针又名“祁眉”，是最上等的祁门红茶。头采最早期的明前新鲜嫩叶经手工制成。金针的名字有两方面的含义：金象征着珍贵之物，也象征着金针的稀少性，金针使用高品质小地域单芽或一芽一叶茶青精制而成。成品干茶，通体金豪外露；金针形状紧细秀丽、形似针。因此“针”也有完美的含义，也象征着该款茶所承载的让高端祁红更加尽善尽美的含义。

（三）滇红

1. 滇红的追源与简介

图 4-3 滇红

云南有一茶，名曰滇红（图 4-3）。滇红是云南红茶的统称。滇红性温，干茶条索粗壮、肥硕，满披金毫，冲泡后汤色红浓，滋味浓厚甜爽，带有十分浓郁的花蜜香。能给人以温暖的感觉。滇红属于暖性的茶，有健脾胃，助消化，祛湿利尿，滋补气血，补充身体能量，消除疲倦的作用，适于胃寒、身体虚弱、手足发冷的人饮用。

2. 滇红的产地

我国滇红的产地可以划为滇西、滇南、滇东北部三大茶区。滇红产于滇西、滇南两大产地。滇西型茶区，包含临沧、保山、德宏、大理四州（区域），种茶规模占全国的 52.2%，出口量占全国总产量的 65.5%，系滇红的主产地，包含风庆、云县、双江、临沧、昌宁等县，占滇红总出口量的 90%以上。滇南茶区，是茶树发祥地，含思茅、西双版纳、文山、红河四大州（区域），规模占全国的 32.7%，出口量占全国的 30.8%，滇红产于西双版纳和景洪、普文等地。

云南省六山五水形成了山岭纵横交错、沟谷渊深、形态复杂的山势地貌，这些帚形地系、水体，使云南省西北地区高东南地区低，既能抵御西北地区大陆性气候的侵袭，也能接纳源自印度洋、太平洋等温暖季候风，随地势改变形成的水平、垂直的差异，从而形成了特有的高原天气和高山天气。茶区峰峦起伏，云雾萦绕，溪涧穿织，降水充沛，土质肥沃，多红黄壤土，腐殖质充足，有着得天独厚的茶树生长的优势。

3. 滇红的传说

滇红诞生于抗日战争的重要一年，也就是1939年，与中华民族的命运密切关联。随着我国东南各省茶区被战火绵延，重点茶区相继沦陷，切断了红茶货源。1938年夏天，冯绍裘先生辗转千里来到了云南凤庆，当时整个中华民族都在抗争着侵略者，为了换取战略物资，急需大批茶叶。冯绍裘先生在凤庆找到了优质大叶种茶源，并按照祁红的工艺，根据大叶种的特点进行了改进，制出了第一批云红。云红以它独特的品质，在很短的时间就扬名世界。1940年云红统一改名滇红，一直沿用至今。冯绍裘先生也因此被称为“红茶之父”。

4. 滇红的分类

根据工艺的不同，滇红茶分为传统烤红和晒红。传统烤红的主要工艺就是在干燥环节中用火烘干，冲泡时茶香更加醇厚，产生似蜜液香和蜜薯香，汤色也更加丰富而浓稠。这种烘干技术的弊端在于如果烘焙的温度不太合适，茶汤就会产生燥热感，频繁饮用会导致上火。晒红工艺是自然光干燥。古树晒红在自然界的阳光晾晒得来，茶汤温补而不燥热。可以长期存放，越陈越香。古树晒红茶汤颜色红浓,金圈厚而金黄,其滋味也比较浓郁而厚重,除有明显的花果香气之外,还有蜜糖般的清甜,入口香甜、鲜爽,过喉温润,回甘甜润,几泡过后其绵醇的韵味越发明显。

滇红根据原料品种划分为古树红茶与野树红茶。古树红茶是以古树为主要原材料制作而成的滇红茶,茶汤浓郁饱满,非常耐泡;野树红茶,即野茶树所制成的红茶,茶汤具有山野韵味,有非常高的甜度和耐泡度。

依据干茶的外形,可以分为金针滇红、松针滇红、金丝滇红。用单芽加工而成的是金针滇红,其形态与针叶较为接近,且色泽金黄,故名为金针滇红;用一芽一叶的原材制成的叫作松针滇红,外观上与金针滇红较为接近,但干茶色泽黝黑具有金黄色;用单芽头制作而成的叫作金丝滇红,因为外观呈丝状,故得名为金丝滇红。

(四)信阳红

1. 信阳红的起源与简介

信阳红(图4-4)属红茶系列,又叫信阳红茶,以著名的信阳毛尖茶青为主要原料,经过加工全发酵而成,是信阳地区生产的首个红茶品种,也是红茶类的一个新品种。信阳红茶的品质特点不同于祁红、滇红、闽红、川红等红茶种类,它的外观

图4-4　信阳红

条索隽秀，干茶色泽金、黄、灰相间；汤色红亮，有金圈；香味芬芳，茶汤浓厚而饱满；香气清新，栗香和桂花香完美结合，信阳茶区生态茶叶优质的特点被完美展现，“信阳韵”明显。品一口信阳红茶汤，神韵悠远，像入清晨苍翠的茶山，信阳大美的风景得以享受。

2010年，时任河南省省委书记卢展工同志专程到信阳茶主产地深度考察调研。当了解到信阳是中国最北的产茶地区，历来以出产绿茶为主，且大多采春天鲜叶生产或制作绿茶——信阳毛尖，夏秋茶极少采摘，茶叶生产、销售和包装、储藏等都受到季节和产量的限制，因此卢书记建议在信阳试制红茶，打破了信阳仅产绿茶的难题。卢书记在信阳红茶试制成工后，不但邀请来了国内的著名制茶专家与学者们一起品鉴，并且还亲自给此茶起了“信阳红”的名字。

在省、市级党委、政府的大力宣传下，“信阳红”迅速红遍全国。目前，信阳市已呈现出绿茶、红茶比翼齐飞，并肩崛起的可喜局面。

2. 信阳红的产地

五云、两潭、一山、一寨、一寺是河南信阳市主要出产信阳毛尖和信阳红的重要地区。五云分别是车云山、集云山、云雾山、天云山、连云山；两潭分别为黑龙潭、白龙潭；一山是震雷山；一寨是何家寨；一寺是灵山寺。信阳位于东经114.06度，北纬32.125度，地处中国大陆亚热带与暖热带的地域界限（秦岭—淮河）上，处于亚热带与暖热带的交接地区，阳光充沛，平均日照量为1900~2100小时；年均温度为15.1 ℃~15.3 ℃，无霜期较长，一般220~230天；

雨量充沛,平均降水量为 900~1400 毫米,天气湿润。信阳地形南高北低,为山岗川相间、类型复杂多变的阶梯地形。

群峦叠翠、溪水横流、烟雨弥漫的高山峻岭之中,多产品质出众的信阳毛尖。这样的地区气候日夜温差大,不容易产生病虫害,茶树成熟期较长,有机化合物含量丰富,从而形成了品质优良的茶树品种。"云雾山峰出好茶"讲的正是这个道理。

(四)九曲红梅

1. 九曲红梅的起源与简介

九曲红梅茶(图 4-5)有两个别称,一个是"九曲红",另一个是"九曲乌龙",最早产于福建省武夷山的九曲溪。现在,品质最好的九曲红梅出产于浙江杭州西湖区湖埠大坞山。

图 4-5　九曲红梅

目前浙江 28 个名茶中,只有一种红茶入选,就是九曲红梅茶。此茶外观条索细如发丝,折弯细密似银钩,相互抓着或相互勾挂成环状,表层披满了金黄的茸毛。颜色乌润而弯曲,芽叶长约 1 厘米,条索密结,表层多为白毫,颜色乌润,若是用上等泉水冲泡,则见杯中茶汤鲜亮红艳,鲜甜芬馥,就如水中红梅,风味鲜爽适口。弘一法师在品饮九曲红梅之后,也为九曲红梅写下了感人的诗篇——"白玉杯中玛瑙色,青唇舌底梅花香"。

2. 九曲红梅的产地

钱塘江畔是九曲红梅的原产地，杭州市西南部近郊的湖埠、双灵、张余、冯家、社井、上阳、仁桥等所产的九曲红梅品质较好，尤其是湖埠大坞山出产的最负盛名。大坞山海拔五百多米，峰顶是一个盆地，为砂质土壤，土质肥沃，四周群山环绕，树木繁茂，遮风避雪，掩映烈阳；接临钱塘江，江水蒸腾，山间云雾萦绕，有利于茶树的生长。

3. 九曲红梅的传说

古人云："山不在高，有仙则名，水不在深，有龙则灵。"传说，有一对老家是福建省武夷山县老夫妻，移居灵山下大坞盆地，家境非常清贫，只靠在山上种植茶树维持生活。当他们大约 60 岁时，很意外地生了一个儿子，老夫妻甚是喜爱，给他们取名为小阿龙，意在儿子长大了能成龙。小阿龙长得眉目清秀、聪颖活泼，自幼便喜欢到溪边嬉戏。有一日，他很新奇地看到了两只小虾在溪水里争夺着一个明亮闪光的小珍珠，便将小珍珠捞了出来含在嘴中，并开心地高叫着往家走，结果一个不注意，把珍珠给吞进了肚子里。回到家后，顿时觉得浑身奇痒无比，吵着让母亲马上为他洗浴。而当小阿龙一进入温水浴盆，就变成了一条黑色的龙。顿时，乌云遮日，暴雨倾盆，电闪雷鸣，乌龙便腾空飞起，飞出了屋外，跃入溪水里，然后开山破岩向远处游去。老夫妻见儿子变成乌龙，又恐惧，又悲痛，哭喊着朝儿子飞奔了过去。而乌龙却因留恋父母，不忍远离，游一程就回过头来看一眼双亲，连着游了九程回头九次。于是,乌龙游弋过后,当地就出现了一个九曲十八弯的小溪径,一路通向了钱塘江。老两口在溪边种上茶树,所产茶叶品质极高。冲泡后茶芽在水中舒展开来,似蛟龙戏水,故称九曲乌龙。又因为汤色红艳,极像红梅,所以就逐渐被叫作九曲红梅。

三、红茶的生产工艺

1. 采摘

采集最优质的茶树鲜叶,采集期为前一年的 3 月中旬至 11 月中旬,分春茶、夏茶和秋茶。春茶条索肥壮,身骨重实,叶片干净,叶底肥嫩均匀。夏季雨水较多,茶树芽叶生长发育较快,节距长,虽芽毫明显,但干净程度较低,且叶底略显硬、杂。而秋茶由于自然界处于“收”的状态,茶树的营养物质已经向根部输送,成品茶身骨较轻,但净度明显下降,嫩度也不如春茶、夏茶。

2. 萎凋

萎凋是红茶初制的第一个工艺,也是形成红茶质量的最基本工艺。萎凋程序是指将进厂的鲜叶摊凉均匀让其失水,使一些硬度比较高的梗叶逐渐呈现萎蔫或凋谢状态的程序。萎凋具有物理性质层面的失水效应,又有内含物化学变化的程序。

让茶青萎凋的目的,一是挥发部分水分,从而减少茶树内部细胞的活性,使叶梗由硬脆变为柔软而提高芽叶的弹性,也有利于揉捻成条；二是随着水分的散失，茶叶中内含化学物质发生改变，为制成红茶色、香、味的独特口感打下物质变化的基础。

3. 揉捻

揉捻是茶叶制作过程中不可缺少的制茶工序。揉捻又可表现为两种方式，“揉”，把茶叶揉成条即可；“捻”，使茶细胞破裂，捻出茶汁，为红茶的发酵创造必要条件。

揉捻的过程应前轻后重，逐渐加压，然后轻重相间，最后完全不加压。最开始的阶段不加压，让茶叶顺着它的叶脉卷成条，再逐步施压至细胞完全破裂。接着检验揉捻破损率，以细胞破损率高达 80%～85%，叶 80%以上为紧卷条索，以手握住，茶汁不溢也不滴为宜。

揉捻的效果一是使茶叶成条状，二是使鲜叶中的细胞破裂，茶汁上溢并附于叶片表层，从而可以提高茶汤内含物质含量，洗茶时快速出汤就是为此。茶叶不耐泡的一个原因就是茶叶揉捻的程度过重。

4. 发酵

把揉捻好的鲜叶置于特定的环境中，设定一定的温度，一定的湿度，给予一定的氧气，让其完全氧化。适度发酵后，红茶叶片上的青草气已经全部消失，转而产生了一股清新的花果香气，叶子也均匀变红。发酵是红茶形成高品质的一个重要过程。

5. 烘干

烘干一方面是为了降低茶叶中的含水率，另一方面是为了及时中止发酵、固定品质。

四、红茶的冲泡

1. 冲泡用具

盖碗一个（150 毫升）；公道杯一个（150 毫升）；品茗杯三个；茶叶罐一个；茶荷一个；提梁壶一个；茶巾一条；水盂 1 条；茶拨一只；3~5 克九曲红梅茶叶。

2. 冲泡流程

第一步：备具。（图 4-6）

把茶具按照图片的顺序摆放。

图 4-6 备具

第二步:行礼。(图 4-7)

双手交叉放于茶巾之上,在座位上躬身 15 度向客人行礼。

图 4-7　行礼

第三步:赏茶。(图 4-8)

双手托茶荷,手臂放松呈弧形,向客人展示干茶。

图 4-8　赏茶

第四步:翻杯。(图 4-9)

双手交叉,拿起倒扣的品茗杯,把品茗杯的杯口向上放置于杯托之上。按照中间、左边、右边的顺序依次进行。

图 4-9 翻杯

第五步:温杯洁具。(图 4-10、图 4-11)

图 4-10 温杯洁具①

(1)右手揭开碗盖,插于碗托与碗身之间或放于盖置之上。

(2)提壶注水至碗身 1/3 处,将盖碗放回原处。

（3）盖上盖子，转动盖碗进行清洗，将水倒入公杯，再倒入品茗杯中，双手拿起品茗杯，转动杯身进行清洗，仍然按照中间、左边、右边的顺序依次进行。

图 4-12　温杯洁具②

第四步：投茶。（图 4-12）

用茶匙将茶荷里的茶叶投入盖碗中。

图 4-12　投茶

第五步:洗茶。(图 4-13)

提起水壶转动手腕注水至 1/4 碗,快速拿起盖碗,把水倒入水盂。

图 4-13 洗茶

第六步:注水。(图 4-14)

提起水壶把水注入盖碗,水量控制在盖碗七分满的位置。

图 4-14 注水

第七步:出汤。(图 4-15)

(1)将盖碗中的茶汤倒入公道杯中。

(2)将公道杯中的茶汤均匀分入品茗杯中,斟七分满。

图 4-15　出汤

第八步:敬茶(图 4-16)

双手拿起中间的品茗杯,同时在座位上躬身 15 度,向客人敬茶。带着一颗恭敬的心,真诚亲善地请大家用茶。

图 4-16　敬茶

3. 注意事项

（1）冲泡九曲红梅时出汤时间宜控制在10~15秒，闷泡的时间不要过长。

（2）注水时不能把水浇到茶叶上。

第三节　黑　茶

一、关于黑茶

1. 黑茶的起源与简介

黑茶通常认为起源于16世纪初期，我国史书上首次出现了“黑茶”两字。明朝嘉靖三年，也就是公元1524年，明朝御史陈讲疏奏云：“因商茶低伪，悉征黑茶。官商对分，官茶易马，商茶给买。”

黑茶，由于生产成品茶的外表为深黑色，故得名。中国六大茶类其中的一类是黑茶，是后发酵茶。黑茶需要用到的原材料黑毛茶，发酵度很好，是压制紧压茶的首选优质原材料。黑茶香味优雅醇厚，茶叶对人体的刺激性降低，香气纯正，滋味陈厚顺滑，汤色红中泛棕，似咖啡色。

2. 黑茶的产地

我国黑茶原来产自安化地区，现在的产区已经扩大至桃江、汉寿等地。成品茶的品种一般有三尖、四砖、花卷。三尖是指天尖、贡尖、生尖；四砖是指黑砖、花砖、青砖、茯砖；花卷是指千两茶、百两茶、十两茶。湖北老青茶（别称青砖茶，川字茶），一般产于湖北的浦圻、咸宁、通山、崇阳、通城等；广西六堡茶，产于广西壮族自治区苍梧县六堡乡；普洱熟茶产于云南西双版纳、临沧、普洱等地区。四川也是黑茶的重要出产基地，按销路分为南路边茶和西路边茶。南路边茶以雅安为生产中心，主要销往西藏、贵州地区和四川省的阿坝、凉山州等自治区，以及甘南各地；而西路边茶以都江堰市为生产中心，主要销往四川省的松潘、理县、茂县、汶川地区，以及甘肃省的部分地方。

3. 黑茶的分类

黑茶按产地的区域划分，大致分为湖南黑茶（千两茶、茯茶、黑砖茶、三尖等）、湖北青砖茶、四川藏茶（康砖、金尖、康尖）、安徽古黟黑茶（安茶）、云南黑茶（普洱熟茶）、广西六堡茶及陕西黑茶（茯茶）。

二、名优黑茶分类

（一）熟普

1. 熟普的起源与简介

普洱熟茶简称熟普（图 4-17），是黑茶类中的代表品种。质量好的普洱熟茶干茶颜色乌润，香气醇正，滋味富有陈韵，茶汤甘滑醇厚，无仓味或其他异味。因普洱熟茶原料主要是中大叶种茶树的鲜叶,茶的内含物相当丰富,故非常耐冲泡。

我国在1975年前后才真正确定普洱熟茶的定义。以今天的国家标准而言,以前的普洱茶产品,基本上都是普洱生茶。因为当时的制造工序,以及运输要求,再加上后期的加工储藏,使得普洱生茶逐渐形成了汤色发红的情况,而普洱熟茶的前身就是这些红汤普洱。1974年,昆明茶厂在调整工艺流程后,渥堆技术终于取得了成果,1975年,勐海生产的普洱熟茶已经基本定型了,这也便是现在人们所熟悉的现代普洱茶。

图4-17 熟普

普洱熟茶是现在比较受人们欢迎的一款养生茶,它性质比较温和,饮用适量的普洱熟茶,能够发挥养胃、护胃的作用,也可以提高睡眠质量,暖胃消食,降血脂,防慢性动脉粥样硬化,降三高,预防糖尿病,适宜中老年患者群和胃寒等患者饮用。

2. 熟普的产地

普洱熟茶的产地主要是云南勐海、勐腊、普洱市、耿马、仓垣、双江、临沧、元江、景东、大理、屏边、河口、马关、麻栗坡、文山、西畴、广南、永德等地。我国云南省昆明市、楚雄州、玉溪市、红河州、文山州、普洱市、西双版纳州、大理州、保山市、德宏州、临沧市等共11个州的部分现辖行政区划均为中国普洱茶地理标志商品保护区域。

3. 熟普的分类

普洱熟茶按照形态的不同可以分为散茶和紧压茶。散茶的特点是保持了茶叶原有的零散的原始状态,不经强力紧压,也没有被挤压而形成特殊的形态;散放的普洱熟茶便于初识普洱者仔细地观察叶片的外形和颜色,也便于体会普洱熟茶叶片的手感等。紧压茶指普洱熟茶在生产过程中,经大力紧压制成各种不同重量的圆饼型(勐海大益牌七子饼茶),不同重量,各种各样的沱型(下关沱茶),方茶(云南茶厂的方茶),砖茶(云南普洱砖茶)。紧压普洱茶是为便于运送和优质贮藏而产生的。

(二)六堡茶

1. 六堡茶的起源与简介

清代嘉庆时期六堡茶因其独特的槟榔香气而被评为我国名茶之一,并驰名于国内外。《苍梧县志》中记述:“茶产多贤乡六堡,味厚,隔宿不变。”六堡茶在当时就普遍受人欢迎。清朝初期,在香港、潮州一带,六堡茶也逐渐流行开来。清代康熙时期,一些六堡茶老字号在两广兴起。乾隆二十二年(1757 年),清廷因见西方国家在我国沿海地区的非法商贸活动猖狂,便关闭了福建、浙江、江苏三处海关,只留广州一个口岸通商,于是“十三行”便独占中国对外贸易。六堡茶也随之名声大噪。六堡茶的蓬勃发展,经历了“平三藩”“十三行大火灾”“太平天国”“鸦片战争”“辛亥革命”“甲午战争”等众多的历史风云,几经磨难,大大小小茶号已遍及粤桂、港澳地区,并将茶叶贸易做到了英国等欧洲国家。

六堡茶(图 4-18)是黑茶的一种,之所以叫六堡是因为主产在中国广西壮族自治区苍梧县六堡镇。六堡茶干茶条索紧结,颜色褐黑而光润,汤色红中泛紫,香味陈厚,滋味甘醇滑润,带槟榔香,且耐于久藏,越陈愈好。六堡茶至今已有二百多年的生产史。在民间,常有人把储藏数年的陈六堡茶用于治疾、除瘴和解毒等。对于茶人来说,如果把绿茶看作是一位朝气蓬勃的年轻人,那么六堡茶就是一位久经沧桑的老人,时光的沧桑感最易触动心灵,愈陈愈醇厚的特点也是六堡茶独有的。

图 4-18　六堡茶

2. 六堡茶的产地

中国广西壮族自治区梧州市所辖行政区是六堡茶的主要产地。苍梧县的六堡镇,一年中平均温度为 21.2 ℃,无霜期 331 天,年均降雨量为 150 厘米。六堡镇地处北回归线以北,是桂东大桂山脉的延展区域,其版图从四柳到高枧,从塘平到不倚山,从梧垌至合口等乡镇。山岭高耸,平均海拔在 1000~1500 米,坡度差很大,溪水纵横交错,终年云雾萦绕,日照时间很短。山腰峡谷中多栽培茶树,远离乡镇。

据历史记录:六堡村生产的六堡茶,由于其位处层峦叠嶂,林荫蔽天的环境，茶树获得了充足的水分，而山区的雾独多，且每日午后，阳光照射不到，则蒸发的水分减少，所以其茶树叶片厚而大，气味香浓，由于采摘制作的难度较大，所以价格比较贵。苍梧县的五堡镇狮寨，毗邻的贺县沙田区，还有岑溪、横县等20余个县城都产六堡茶，而毗邻的广东省罗定、肇庆市等地亦产六堡茶。

3. 六堡茶的传说

传说在天界，玉皇大帝想知道世间的民俗风情，便命令王母娘娘带一班小仙女下凡了解人间疾苦。这天，王母娘娘与诸位仙女们来到苍梧县六堡镇黑石山，她们饥渴交加，经过寻找，她们看见一座黑石山，山下有清澈的泉水在流淌，大家赶快跑过去，用手捧着喝了起来。喝后觉得清甜滋润，劳累疲倦的感觉也都消失了。她们了解到黑石山的百姓生活极度困难。由于当地山多田少，缺少耕地，所以人们种出来的稻米往往连自己家都不够吃，甚至还要拿一部分钱去大山外面换取食盐。王母娘娘体恤百姓疾苦。她教百姓们靠山吃山，在山上种些茶叶，可以赚钱养家。在离开之前，她让仙女们把茶籽留下来，教百姓种下茶籽，慢慢地茶树长大了，百姓们采摘茶树的芽叶制成干茶，拿到山外售卖，换取食盐。百姓们依据王母娘娘的教导，在山上种下这些茶籽，年复一年，日复一日，把整座黑石山都变成了茶园。苍梧的百姓们就这样一代代传承了采茶做茶的习俗。

4. 六堡茶的分类

六堡茶按照加工工艺，可分为传统工艺六堡茶和现代工艺六堡茶。传统工艺六堡茶,为家庭或合作社生产,以传统六堡群体种为主要原料,通过杀青、揉捻、堆闷、复揉、风干等初加工过程生产而成。此外,一些六堡茶会根据加工工艺命名,比如单蒸茶、双蒸茶,这些也属于传统制作工艺,属于传统工艺六堡茶。而现代工艺六堡茶,主要由专业茶厂制作,又称为“厂茶”或“熟茶”,采用广西区内的大叶种、桂青种、传统六堡群体种为主要原料,再通过分级筛选、拼配、渥堆、蒸压入篓、陈化等各种精细的生产过程而制成。

按茶叶的形状分为散茶、篓茶和紧压茶等,紧压茶中又有砖茶、饼茶、沱茶等。用竹篾或箩装的散茶是六堡茶最常规的形式,也是消费者通常能够买到的。按茶的年份,可分为新茶、中期茶、陈茶和老茶,年份的分类是市场上沿用的习惯,官方并无标准说法。通常新茶是制成后 5 年以内的茶,中期茶一般是 5~10 的年,陈茶是存放 10 年的茶,老茶是存放 20 多年的茶。

根据原料的老嫩程度,可分成茶芽、中茶、老茶婆等类型。其中茶芽是指细嫩短小的茶叶,无论是芽头、一芽一叶还是一芽两叶,只要比较短小,都可以叫作茶芽。夏季生长速度较快的一芽三四叶叫作中茶。当地六堡茶农在秋后采摘的当年生的老叶,或隔年老叶叫作老茶婆。

(三)泾阳茯砖

1. 泾阳茯砖的起源与简介

茯砖茶属于中国六大茶类中的黑茶,发酵程度较高。此茶在三伏天制作而成,所以叫作“伏茶”。“伏茶”有近似中药土茯苓的功效，又被称为“茯茶”“福砖”。自古以来，岭北地区不种植茶树，只有泾阳生产茯砖茶。泾阳茯砖茶形状如同砖块，干茶黑中带褐、金花满布、香气纯正、滋味醇厚、汤色黄中泛棕（图 4-19）。在中国古代，沿丝绸之路远销中亚、西亚等 40 余个国家的泾阳茯砖茶，被称作古丝绸之路上的神秘之茶、生命之茶。

图 4-19　茯砖茶

“金花”是泾阳茯茶经过特有的工艺技术和环境而产生的，让泾阳茯茶与其他茶有所不同的就是这金花。因其原茶本身就含有“金花菌”孢子，在别的地区根本无法生产。第一，泾阳水中的酸碱度和水中含有的矿物质能够促进“金花菌”的成长。第二，泾阳的地理位置在“大地原点”上的关中平原，处于冶峪河和泾河的下游，北边有嵯峨、北仲两座山脉，南边有终南山，地形低洼，构成了关中天气特性与湿地天气性质兼备的自然环境。这一特有的环境，恰好有利于“金花菌”的成长、发展、繁衍。第三，制作工艺和制作方法方面，炒茶的水分含量和火候，适宜发花的温度，筑制茶砖的紧密度，等等。古代温度计和干湿仪未被发明出来，茯砖茶的制作全靠制茶师傅的经验和感觉来掌握。

据嵇通《清朝通典食货八茶课》：“甘肃两商大引二万七千九十六引，于西宁、庄浪、洮岷、河州、甘州各处地方行销每引行茶百斤，作为十篦，每篦二封，每封五斤。”又注：“顺治初年，定易马例，每茶一篦，重十斤。”茯砖茶制造史已有三百余年。

2. 茯砖的产地

陕西泾阳是茯砖茶的核心产区，泾阳的地理位置在关中平原，“八百里秦川”的中心腹地。因其位于泾河的北边，古代人认为水的北边属于阳，所以叫作泾阳。泾阳这个名字最初出自《诗小雅六月》：“狁匪茹，整居焦获，侵镐及方，至于泾阳。”泾阳自古就是京畿要地、三辅名区，现在被称为“关中白菜心”。

3. 茯砖的传说

北宋时期，往西北地区运输的南茶都必须通过水运兴盛的泾河港口，有一艘装满了茶叶的船突然侧翻而淹水，船员们把船上的茶叶搬到岸上晾干，大概一个多月后打开包裹茶叶的麻袋，竟看到霉菌布满了茶叶，于是茶商把这些长了霉菌的茶叶作为南茶生产公司的附属茶以很便宜的价格卖到西北部，以减少经济损失。结果塞翁失马焉知非福，在后来的茶叶交易中，附带茶的销量与日俱增，究其原因，是茶客们普遍认为有“霉菌”的茶砖，口感滋味更加醇厚，化油解腻功能显著。

（三）安化黑茶

1. 安化黑茶的起源与简介

安化黑茶（图 4-20）是黑茶的一种，属于后发酵茶。安化黑茶是我国的黑茶的鼻祖。此茶在中国唐代的资料中记录中名为“渠江薄片”，曾作为朝廷贡品。安化黑茶在明嘉靖三年（1524 年）就开始被创制出来。在16世纪末期,安化黑茶的销量已居国内领先。在明朝万历年间被纳入官茶,并大批远销到中国西北。

图4-20 安化黑茶

安化茶最初产于唐代,根据考古学家的推测,湖南马王堆汉墓中发现的白茶源于安化,因此在2300多年前的汉代就已经生产了安化茶。856年前,中国最早记载安化茶的史书古籍——唐代杨晔的《膳夫经手录》,书中记述的“渠江薄片茶”运销湖北省江陵、襄阳地区,并流入长安。

安化黑砖茶在1939年被我国黑茶之父——彭先泽先生试制成功,我国第一块黑砖茶在安化出现了。随后湖南省第一片茯砖茶在安化于1953年研制成功。第一片花砖茶在安化于1958年研发成功。安化也由此被称为我国黑茶紧压茶的摇篮。

2. 安化黑茶的产地

因为产自中国湖南省安化县,所以叫作安化黑茶。清代湖南安化诗人陶澍有句诗:“斯由地气殊,匪藉人工巧。”形容安化黑茶。安化自古被称为梅山,地处湖南省中部偏北。山地多田地少,宋代建县时,茶树已经沿着山崖有水的地方,自己生长了起来。这和安化所处的位置有很大的关系,它正好处于神秘的北纬30°和地球南北轴线的黄金分割点一带。

安化边境丘、冈、平原零星分布,山脉连绵,河流密集。茶区土质偏弱酸性,土壤氮、钾等有机物质含量很高。而位于安化县亚热带季风气候区的安化,四季分明,降雨量充足,冬天非常寒冷的时间较短,因此茶树一年中可以生长 7 个月。

3. 安化黑茶的分类

安化黑茶可以分为"三尖""三砖""一卷"。三尖茶(图 4-21)也叫作湘尖茶,即天尖、贡尖、生尖;三尖茶以安化县各地出产的黑毛茶叶一、二、三等为原料。按照使用原料档次的高低,分成了天尖茶、贡尖茶和生尖茶三个级别。天尖茶是安化黑茶的上品,选用谷雨时节的鲜叶制作而成,曾经一度成为中国的贵族饮品。天尖和贡尖在清朝道光时期作为贡品被宫廷饮用。"三尖"黑茶以篾篓形式散装,为中国现有的最古老的包装茶叶的方式。

图 4-21　三尖茶

"三砖"是指茯砖、黑砖和花砖。茯砖茶(图 4-22)是把安化黑毛茶按照筛选、整合、拼堆、渥堆、计量加工、蒸茶、挤压定型和发花烘干等制作过程,生产出来的块状黑茶产品。根据茶叶品质的好坏分为特制茯砖和普通茯砖两个档次,根据压制的方法则分为手工压制和机器压制。由于安化的气候环境与泾阳差别甚大,安化茯砖须通过模拟泾阳的气候环境,通过烘焙进行人工发花,其金花菌源均为培养接种形成。茯砖茶里的“金花”学名为冠突散囊菌，内含大量的养分素，对身体非常有利，且金花生长越旺盛，其质量也愈佳，干嗅时有菌花清香。

黑砖茶（图 4-23）采用安化黑毛茶为主要制作原料，通过渥堆、烘干、筛选处理、拼堆、计数、汽蒸和压制定型等工序，制作的砖状安化黑茶产品。根据茶叶品质的高低分成特制黑砖、普通黑砖两个级别。

图 4-22　茯砖茶

图 4-23　黑砖茶

花砖茶（图 4-24）之所以得名是因为茶砖面四边均有图案。制作工艺与黑砖茶大体相似。根据花砖的品质分成特质花砖、通用花砖两个级别。

“一卷”原名花卷茶，现在被叫作安化千两茶（图 4-25）。以安化黑毛茶为主要原材料，经过整理、

图 4-24　安化花砖

拼堆、计量、汽蒸、装篓、滚压定型和自然干燥等工艺制作而成。安化千两茶的包装材料也十分讲究，用蓼（箬）叶、黄棕叶衬里，用花格的篾篓捆压，做成较长的圆柱体。安化千两茶分为十两茶、百两茶、三百两茶、五百两茶、千两茶等类型。

图 4-25　安化千两茶

三、黑茶的生产工艺

1. 杀青

以鲜叶为原料，利用高温破坏控制采摘下来的鲜叶中的活性酶，保留下有利于茶叶后期转化的物质。首先锅温要达到 220 ℃左右，放入茶叶后会有“劈劈啪啪”的声音，待茶叶软化后，翻炒频率加快，翻炒时尽量让茶叶均匀接触炒锅，利用茶叶自身的水蒸气杀熟杀透，这个阶段要适当控制火的温度。

2. 揉捻

揉捻通常分初揉和复揉两个环节。初揉时部分破坏叶组织使叶片初步卷曲成条，复揉收紧渥堆过程中松散的茶条。

3. 渥堆

渥堆是普洱熟茶品质形成的关键程序。具体来讲就是将制作好的晒青毛茶晒堆成一堆，再通过增加适宜的温度、保持适宜的湿度，在人工条件下通过发酵使其熟化，然后把发酵成熟的茶叶干燥，干燥后的成品茶叫作普洱熟茶。

普洱熟茶的“渥堆发酵”，实际上就是细菌和酶的化学变化过程：经过细菌新陈代谢所形成的胞外酶和热，与细菌本身的代谢合力产生，使茶叶的内部物质产生非常复杂的变化。所以熟普的加工工厂要保持洁净的环境和菌落的平衡。

4. 干燥

干燥采用人工热源烘干或天然晒干，目的是在大量蒸发水分以致足干的同时固定品质、促发香气。

四、黑茶的冲泡

1. 茶具准备

紫砂壶一个（150 毫升）；公道杯一个（150 毫升）；品茗杯 3 个；茶叶罐一个；茶荷一个；提梁壶一个；茶巾一条；水盂一个；茶道六君子一套；5～10 克普洱熟茶。

2. 冲泡流程

第一步:备具。(图 4-26)

把茶具按照图片顺序摆放。

图 4-26　备具

第二步:行礼。(图 4-27)

双手交叉放于茶巾上,头颈肩背平直,向前躬身 15 度。

图 4-27　行礼

第三步:赏茶。(图 4-28)

双手拿起茶荷,放于身体正前方,向客人展示干茶。

图 4-28　赏茶

第四步:翻杯。(图 4-29)

双手拿起倒扣的品茗杯,把品茗杯翻至口朝上。

图 4-29　翻杯

第五步:温壶。(图 4-30)

用热水温紫砂壶时,依次把紫砂壶内的水投入公道杯,接着再把公道杯的水倒入品茗杯,最后再把品茗杯的水倒入茶盂。

图 4-30 温壶

第六步:投茶。(图 4-31)

将茶荷中的茶叶用茶拨拨入紫砂壶中。

图 4-31 投茶

第七步:洗茶。(图 4-32)

将沸水倒入紫砂壶后,快速将紫砂壶中的水倒入水盂中。

图 4-32 洗茶

第八步:泡茶。(图 4-33、图 4-34)

(1)提起提梁壶,注水入紫砂壶至八分满。

(2)将壶中的茶汤沥入公道杯中,再分斟至品茗杯。

图 4-33 泡茶①

图 4-34　**泡茶②**

第九步:奉茶。(图 4-35)

双手拿起中间的品茗杯,向前举到额头的位置,向客人奉茶。

图 4-35　**奉茶**

第十步:行礼。(图 4-36)

双手交叉放于茶巾上,头颈肩背平直,向前躬身 15 度。

图 4-36　行礼

3. 注意事项

平时泡饮黑茶茶汤不宜过浓，一般茶叶 150 毫升的盖碗，可以取 5~6 克黑茶。如果吃了比较油腻的食物，需要用黑茶来消食降脂，可以用 7~10 克茶叶。

第四节　冬季养生茶饮

一、姜枣驱寒红茶

生姜与大枣经常在中药中用做药引，可以调和营卫，流通气血，温中散寒。生姜切片烧热放在肚脐上，外用可以止呕、温阳通脉。食用生姜后胃部有温暖感觉，并产生强心效果。生姜、大枣、红茶三者搭配，经常饮用，可以改善体质。（图 4-37）

准备材料:红枣15~20个,生姜适量(可根据自己接受辛辣的程度调节),红糖、红茶适量(可根据自己的口感添加)。

图4-37 姜枣红茶

制作方法:将红枣和生姜洗干净。红枣用刀劈成两半,生姜切成片,放入锅中大火烧开,改小火煮30分钟左右,加入红糖、红茶适量,搅匀,关火。

二、陈皮熟普姜茶

准备材料:普洱熟茶、干姜片、陈皮适量。

制作方法:将5克普洱熟茶、1克干姜片、1克陈皮(可根据个人口感适量调整),置于壶中温煮,或者使用沸水闷泡;闻到熟茶香气和混合散出的干姜和陈皮的香气,即可出汤品饮。

图4-38 陈皮熟普姜茶

普洱熟茶茶汤甘滑醇厚、老陈皮甜糯顺滑,具有陈韵,能够止咳化痰,调理脾胃,消脂解腻。无论是在烈日炎炎的盛夏,还是在严严寒冬,都能够温暖脾胃,滋养身心。(图4-38)

参考文献

[1]紫晨. 二十四节气茶事[M]. 上海:上海科技教育出版社,2021.

[2]王建荣. 茶道:从喝茶到懂茶[M]. 南京:江苏科学技术出版社,2016.

[3]于湛瑶. 待到春风二三月,石炉敲火试新茶——节气与春茶[J]. 农村. 农业. 农民(A版),2021(4):61-63.

[4]罗军. 图说中国茶典[M]. 北京:中国纺织出版社,2010.

[5]王迎新. 吃茶一水间[M]. 济南:山东画报出版社,2012.

[6]吴觉农. 茶经述评[M]. 北京:中国农业出版社,2005.

[7]刘垚瑶. 茶空间与二十四节气的融合[J]. 长江大学学报,2017,40(1):14-20.

[8]黄山书社. 二十四节气[M]. 北京:北京读图时代文化发展有限公司,2013.

[9]张学广. "二十四节气大寒:茶经"主题茶会[J]. 中国集体经济,2016(5):56-59.

[10]蔡全宝. "节气"的茶俗[J]. 中国工会财会,2016(12):50.

[11]姚国坤,陈佩芳. 饮茶保健康[M]. 上海:上海文艺出版社,2010.

[12]屠幼英. 茶与健康[M]. 杭州:浙江大学出版社,2021.

[13]魏然,王岳飞. 饮茶健康之道[M]. 北京:中国农业出版社有限公司,2018.

[14]陈宗懋. 饮茶与健康的起源和历史[J]. 中国茶叶,2018,40(10):1-3.

[15]倪凯. 略论中国茶叶发展的历史节点[J]. 福建茶叶,2020(6). 320-321.

[16]倪凤琨. 茶对心理健康的功能研究[J]. 福建茶叶,2016,38(5):26-27

[17]屠幼英,何普明. 茶与健康[M]. 杭州:浙江大学出版社,2021.

[18]慢生活工坊,花茶与健康[M]. 杭州:浙江摄影出版社,2017.

后　记

中国人的养生智慧，藏在一年四季里。“春生，夏长，秋收，冬藏”这八个字，浓缩了古人千年的智慧。二十四节气，是上古农耕文明的产物，蕴含了中华民族悠久的文化内涵和历史积淀。中医的理论由此产生，本着天人相应的养生智慧，喝茶，也应该顺应大自然升浮降沉的气机。

然而，喝茶的方法不对，达不到养生的目的。喝制作工艺不好的茶，还会影响身体健康。市场上的茶叶质量参差不齐，有染色的茶；有杀青工艺没有做好，喝了会拉肚子的茶；有为了掩盖茶叶品质的低劣而故意焙焦了的茶；还有些商家把喝过的茶叶叶底晒干，重新放到包装里去售卖。所以我们买茶一定要找信得过的茶叶卖家，买到品质较好的茶，才能得到一碗健康的茶汤。另外，过量喝茶或者喝过浓的茶，也达不到养生的目的。有一个小伙子才三十多岁，由于颈椎腰椎疼痛去就医，X 光片显示，小伙子的骨头呈蜂窝状，骨质疏松已经很严重了。医生找不到原因，仔细询问了他的生活习惯，发现他喝茶喝得特别浓、特别多。因此，我们应该遵从中国的中庸之道去喝茶，适量就好。

泡出一杯好茶，来自天时、地利、人和三者完美的协作，是中国人运用草木的智慧。有些人，在泡茶、喝茶的过程中获得感悟，走出了人生低谷；有些人在泡茶、喝茶的过程中，摆脱了焦虑；还有些人，在泡茶、喝茶的过程中体悟人生。老子《道德经》中曰，“归根曰静，是为复命”，静是返回生命的根本。茶被越来越多的人需要着，分享着。一杯健康的茶是人们每日的必需品，人们从一杯茶中汲取的不仅仅是那沁人心脾的口感，更是浸润生命的温度。